環遊世界
80杯
雞尾酒特調

AROUND THE WORLD IN 80 COCKTAILS

三悅文化

THIS BOOK IS DEDICATED TO THE
MEMORY OF ELIZABETH CAPLICE,
WHO SHOWED ME JUST HOW MUCH
MEANING CAN BE CONTAINED IN A
SMALL GLASS OF MIXED BOOZE.

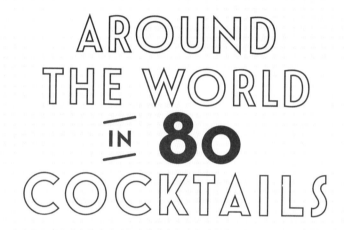

AROUND THE WORLD IN 80 COCKTAILS

CHAD PARKHILL

WITH ILLUSTRATIONS BY

ALICE OEHR

CONTENTS 目次

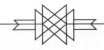

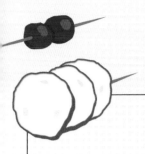

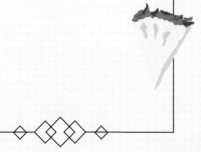

INTRODUCTION

遊歷一直都是雞尾酒DNA的一部分。早期雞尾酒的酒譜需要加入美國威士忌、不列顛琴酒（琴酒是荷蘭人發明的）、加勒比海蘭姆酒、法國白蘭地、義大利苦艾酒、西班牙雪莉酒和葡萄牙馬德拉酒等等酒類。隨著旅行和貿易讓世界變得更小又更容易連結，雞尾酒和調酒的世界也只能變得更多元化和國際性（cosmopolitan，英文雙關語：雞尾酒名稱之一）。如今世界各地的雞尾酒酒吧使用多元材料來調製飲品，像是墨西哥的龍舌蘭酒和梅茲卡爾酒、挪威的赤道阿誇維特酒、秘魯或智利的皮斯可酒、日本的清酒、巴西的卡莎薩甘蔗酒和中國的白酒等等。

也許可以說，最早的雞尾酒起源顯示了調酒種類的快速轉換與傳播。根據飲料史學者安妮塔西亞·米勒（Anistatia Miller）和傑瑞德·布朗（Jared Brown）的說法，最早使用「雞尾酒」一詞來表示飲品之意，是出現在1798年不列顛的一篇報章上，然而僅在幾年之後，該詞便穿越了大西洋。雞尾酒本身在整個十九世紀的美國裡發揚光大，更在廣大世界中出現過幾則令人著迷驚嘆的故事，

例如：在1867年的巴黎世界博覽會上，美國酒吧僅僅一天就用掉了五百多瓶雪莉酒，無非就是要滿足巴黎人對雪莉酷伯樂的渴求。與此同時，美國的雞尾酒調酒師正逐漸成為傳奇人物，其中最出名的是傑瑞·湯瑪斯（Jerry Thomas），這號人物在最顛峰時期甚至還比副總統漢尼巴爾·哈姆林（Hannibal Hamlin）所賺的收入還要多。

然而，真正將雞尾酒推廣到世界各地的幕後推手，可以說是禁酒令（從1920年到1933年期間在美國有效禁止飲酒的「崇高實驗」）。富裕的美國人有能力在巴黎、倫敦或哈瓦那解決對雞尾酒的渴望，因而帶動對雞尾酒的需求。而面臨突然失業的美國調酒師，他們很快便發現自己的職業生涯可能在其他地方有利可圖。雖然雞尾酒在美國經歷一次不體面的陣亡，淪為要掩蓋在浴缸私釀的刺鼻琴酒和其他非法走私酒的工具，但雞尾酒卻也同時在其他地方蓬勃發展。到1933年禁酒令廢除時，無論好壞，雞尾酒已成為一種全球現象。

雞尾酒的全球擴展有其益處：新的酒譜、風

味和口感都融入了各自酒杯之中。當然,並不是每種改變都有益處:在1970年代和1980年代期間,雞尾酒發展出一些令人遺憾的新形式,只要曾品嘗過性感沙灘雞尾酒的人都可藉此證明。不過,當雞尾酒在20世紀後半葉在全球各地進入潛伏期時,一些來自世界各地的調酒師重新發現了禁酒令前的酒譜和調法(這些酒譜及調製法從未離開過日本的酒吧,在後來也居中扮演時空膠囊的腳色)。當這些酒譜和調法被引進到美國酒吧場景後,摻有糖漿的伏特加基酒混飲已準備好退居幕後,而全球精緻調酒的文藝復興也拉開序幕。拜網路所賜,世界各地的調酒師可以輕鬆地分享知識和靈感,如今幾乎任何地方都可以隨心所欲找到專業的創意調酒。

本書追溯了十九世紀初至二十一世紀期間的雞尾酒環球之旅。書中所收錄的80款雞尾酒,每款都與一個地方有連結——雞尾酒名有時是來自字面之意,有時則是用隱喻之名。例如:邁泰並非源自大溪地,但卻跟大溪地很有關係,或者說至少與大溪地概念有關,而不是非得要跟發源地連結才行。反過來說,每一個地方都對飲品歷史造成影響。

我希望可以透過80張的插圖,呈現出隨著飛行里程的增加,雞尾酒是如何變遷與發展,以及其所汲取的在地影響及傳統等。最重要的是,我想講述那些大家最愛喝的調酒,以及書中首次亮相的新經典酒款背後多采多姿的故事。

HOW TO USE THIS BOOK

如何使用本書

酒譜

本書收錄的酒譜並非是最終版的版本，也不是最精準的史料。正如每位在職的調酒師所知，沒有一種酒譜是一成不變的，而是根據一些變數來進行微調。

當你在家開始自行調酒時，很快就會發掘出一些專屬自己口味的特色，進而從酒櫃中有限的酒材開始著手創造新調法。將這些酒譜作為自我實驗的起點。畢竟，經典雞尾酒的特點之一在於經過相當的調整後仍然保持其特色。值得注意的是，一旦開始用其他東西來取代材料，結果可能會產生一些與原創版本相差甚遠的飲品，以致最後毫無任何相似之處。

材料

能夠使用哪些材料來製作雞尾酒，取決於本身預算和所在地點。就算烈酒生意一直是全球性的，但也不是所有地方都能找到每種烈酒，還有因為進口關稅和其他稅務特性的關係，這意味著某些地方賣得便宜，某些地方賣得昂貴。由於這個緣故，本書中的酒譜盡量不要求使用特定品牌的酒款，不過，像提到「深色蘭姆酒」這般通用但描述不足以表達所需風味特色時，可能還是會建議讀者使用某些品牌的產品。

有一句老話說，用多好的材料就調出多好的雞尾酒，以致於讓許多新興調酒師認為一杯好的雞尾酒，應該只能與最好和最貴的材料混調才行。從某種意義來說這是對的，像是用品質低劣的琴酒和變質的苦艾酒所調製的馬丁尼就不好入口，換句話說，即並非所有酒類都能夠「合群地」與其他酒類搭配。另外一個被忽視的事實是，雖然非常便宜的材料大多都不好，但也未必都是如此：許多當地商店架上的昂貴酒類商品，並非都是一分錢一分貨，很有可能因為行銷和包裝的成本

而巧妙提高售價。

然而，用樸實無華的倫敦乾琴酒和高檔但相對正統的甜苦艾酒調製成的內格羅尼雞尾酒，將會比用精選植物釀製而成的昂貴琴酒搭配強烈風味的昂貴甜苦艾酒來得更棒。出於此因，當本書的酒譜需要使用到像是「白色蘭姆酒」或「龍舌蘭酒」的通稱材料時，你應該找的是更能保留材料原汁原味的高檔酒款。話雖如此，在經典雞尾酒中嘗試特殊的酒款，只要內心願意接受並非每個實驗都能奏效的前提，實驗過程會是很好玩的！

至於果汁和其他非酒精類的成分，請記住新鮮的永遠是最好的（特別是萊姆汁和檸檬汁，瓶裝的口感會大幅下降）。此外，沒有人會喜歡沒氣的氣泡水或薑汁汽水，所以請買單一瓶裝或罐裝的為主。在酒吧裡常見的一些糖漿，像是杏仁糖漿和紅石榴糖漿等，以上皆可在家上網找教學影片自製，或是網購也是可行的辦法。

簡易糖漿

本書收錄的一些酒譜需用到「簡易糖漿」，即水和糖的簡單混合物。雖然雞尾酒圈的人士激烈辯論不同糖水比例的優點，但本書酒譜所需要的簡易糖漿，是以1份的細砂糖與1份的水熬製而成。若是在家自製的話，簡單將糖和熱水各半（按體積，而不是重量）混合，並攪拌至糖溶解為止。接著把糖漿倒入乾淨容器中，置放冰箱可以保存一個星期左右，儘管自製糖漿成本便宜，作法也簡單，但最好還是依據需求少量製作。

調酒器具

很多人會忍不住花錢買很多家用花式調酒工具，不過本書收錄的大部分雞尾酒調法，不必讓人採購大量專用器具即可完成。像是用高檔材料製作出一杯拿捏平衡的曼哈頓，無論是裝在二手雜貨店買來的杯具，還是

手工切割水晶的籬笆紋調酒杯，口感風味依舊不變。如果手上預算有限，最好還是把錢花在購買高檔材料上面吧。

不過，在家著手調酒之前，還是需要一些必備品。可入手的最佳投資品是購買一套精確可靠的量酒器（如上圖）。通常瘦長型的量酒器，其誤差範圍會比寬短型的來得小。準備的量酒器應該要能測量雞尾酒酒譜常見的容量：7ml（¼盎司）、15ml（½盎司）、22ml（¾盎司）、30ml（1盎司）、45ml（1½盎司）、60ml（2盎司）。擁有一支專業標準款的吧匙（湯匙容量5ml或是¼盎司）也很管用，不過使用精準等量的茶匙來代替也行得通。本書酒譜所示的dash（容量單位）是指非常少量的液體（約1ml或是⅛盎司的份量）。

附有酒嘴的日式苦精瓶是很有用的衡量工具，尤其針對那些沒有內置酒嘴的產品，

如：苦艾酒或瑪拉斯奇諾黑櫻桃利口酒，更是方便。

另外一項必備品是選擇一款還不錯的雞尾酒雪克杯（如下圖），大多專業調酒師傾向於兩節式Tin杯，理由是易於清洗，加上沒有易碎的玻璃組件，並且沒有內附濾冰器的三節式雪克杯來得繁複。當然，也可以利用果醬瓶等即興發揮，但結果會有很大的差異。此外，還需要霍桑濾冰器（帶有彈簧圈的那種，如右頁上圖示）和搭配細網濾冰器（也稱為濾茶網），用途在於過濾調飲中的小碎冰和少量果汁顆粒。

手持高檔的調酒杯和吧匙（如右頁上圖示）來攪拌飲品是絕對令人覺得享受的一件事，但也絕非必然——你可以在兩節式雞尾酒雪克杯中選擇較大容量杯身加上一根塑膠筷，並從中獲得非常相似的結果。同樣，堅持用朱利普濾冰器（類似含有濾洞造型的溝槽匙）來攪拌飲品是調酒師的過時觀念：這樣會讓人看起來有點像嚴肅的雞尾酒書呆子，而且也不會讓你的飲品比用霍桑濾冰器攪拌來得好喝。

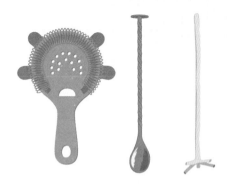

如果手邊沒有大冰塊的取得管道，請考慮購買專用製冰盒——使用的冰塊越好，雞尾酒口感越佳。去找一個規格可製作出長寬高各2.5公分的方塊製冰盒，並用過濾後的水製冰。對於需用碎冰的飲品，要準備碎冰布袋（或厚的夾鏈袋），以及一根拿來敲碎冰塊的木槌，在某些情況下需要木製攪拌棒（一端是散狀枝節的木棒，如上圖所示）或者用一端是平面的吧匙來攪拌飲品。然而，像是插在高球杯或Tiki造型杯的塑膠攪拌棒，雖然看似美觀，但用來攪拌卻不怎麼實用。

另外，還需要榨汁機來壓擠萊姆汁、檸檬汁、柳橙汁和葡萄柚汁。大多調酒師都深信手壓式榨汁器很好用，但對於大顆葡萄柚或柳橙來說就不怎麼方便使用，因此可以用傳統榨汁器來解決。

酒吧庫存清單

基本款
安格仕苦精
干邑或高檔白蘭地
乾琴酒
不甜氣泡酒
瑪拉斯奇諾黑櫻桃利口酒
柑橘苦精
柑橘香甜酒，白柑橘香甜酒
深色蘭姆酒
白色蘭姆酒
甜苦艾酒

特殊款
苦艾酒
甜苦艾酒
班尼迪克丁香草酒
波本威士忌
金巴利酒
菲奈特布蘭卡藥草酒
裴喬苦精
清爽不甜雪莉酒（manzanilla或fino）
濃醇不甜雪莉酒（amontillado、palo cortado或oloroso）
裸麥威士忌

調酒師技巧：葡萄酒、雪莉酒和香艾酒開瓶後，在常溫下未封瓶口會加快變質。為了確保延長酒的壽命，可以放入冰箱保存。

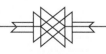

技巧

一旦取得所需材料和基本工具後，便可開始製作調酒了。雖然像「直調」（build）、「搖盪」（shake）和「攪拌」（stir）等指示似乎不需加以說明，但學習一些正確技巧可以讓人日後在操作上更加輕鬆，並且讓飲品變得更好喝喔。

計量與直接注入法

想要計量雞尾酒的材料，首先以非慣用手拿好量酒器的中間處，把酒、糖漿或果汁倒在量酒器頂端（若量酒器內側附有刻度的話，可掌握所需用量）。接著，以迅速流暢的動作，將量酒器內的液體倒入雪克杯、調酒杯或玻璃杯。接下來，計量下個材料分量，這個過程稱為「直調」飲品。也許從最小量開始添加到最大量比較簡單，如此一來如果不小心弄錯計量的話，也不至於浪費太多酒。無論是搖盪、攪拌還是簡單地在玻璃杯中直調飲品，只要在最後一刻加入冰塊，口感會更棒，這個步驟可防止不同成分以不同速率稀釋。

最後，本書中的一些酒譜要求將材料搗碎（全部集中杯底壓碎），因此需要用到調酒搗棒——由木頭、金屬或壓克力製成的的小粗棍（如上圖所示）。去找一根搗碎面上沒有上漆或上光的調酒搗棒，不然搗碎過程會脫漆混進飲品中。

本書收錄的一些酒譜要求在直接注入其他材料之前先搗碎固體材料。要做到這一點，就要先將材料放入雪克杯或玻璃杯之中，確保使用堅固的玻璃杯來搗碎材料，不然太薄的玻璃杯可能會因此碎掉。牢牢地但不過度使

力地把搗棒一頭壓住固體材料搗碎，直到材料碎到足以能夠和其餘材料混合為止。

搖盪

想要以搖盪法調製飲品，首先在適當雪克杯容器中直調材料──例如，雪克杯組中較小的部位、經典波士頓雪克杯的玻璃杯身，或三件式雪克杯（Cobbler Shaker）的下半杯身──然後，最上面盡可能放入越多冰塊越好，再套上另一個空杯卡緊，但不要蓋太緊。接著拿起雪克杯穩穩搖盪──但無須太快或太猛烈──水平前後來回移動至少10秒鐘。打開雪克杯，以霍桑濾冰器（或用內附的濾冰器）和濾冰網過濾酒液，以濾掉不需要的碎屑。這個過程稱之為「雙重過濾」。

本書中含有雞蛋的飲品都會要求進行「乾搖」。要做到這一點，就要如上所述在雪克杯中直調材料，但在加入冰塊前搖晃飲品約10秒。這個步驟可以讓蛋清打發形成一層美麗的泡沫。一旦酒液呈現泡沫，加入冰塊並再次搖盪至少10秒，以便好好冷卻稀釋飲品，然後如往常那樣進行雙重過濾。

攪拌

攪拌飲品前，先在調酒杯直調材料後，加入冰塊直到看不見酒液為止。將吧匙（或筷子）插入杯壁和冰塊之間，接著用拇指和食指轉動匙柄慢慢沿著杯壁旋轉。這個動作的用意是在酒液中推動冰塊，而不是攪動酒液和冰塊──完美到位的雞尾酒攪拌是安靜無聲的。

為了確保酒液冷卻和稀釋，必須攪動30至45秒。接著用霍桑濾冰器（或朱利普濾冰器），將酒液過濾至杯具中──除非是使用劣質冰塊，否則沒必要再次細濾冰塊。

旋轉攪拌（Swizzling）是另一種形式的攪拌法，其目的在於同時攪拌冰塊與酒液，以達到冷卻和混合材料。首先將木製攪拌棒的匙面放入酒液中（若是使用吧匙，將匙面朝下）。在手掌之間快速摩擦棍棒或勺子軸，並上下移動雙手，以確保酒液完全被攪動，持續旋轉攪動直到玻璃杯表面結霜為止。

杯具

一旦調製完畢，就需要合適的器皿盛裝。雖然市面上的玻璃器皿樣式之多，令人眼花繚亂，但本書一系列的雞尾酒只需用到幾種不同杯具來調製，例如：適用於搖盪和攪拌飲品的高腳杯具（又名淺碟香檳杯）；適用於碳酸飲料、高長輕薄的可林杯；適用於以烈酒為基酒、純加冰塊的老式酒杯（又名岩石杯）。其他像是V造型的馬丁尼杯、瑪格麗特飛碟杯和莫斯科騾子銅製馬克杯等等特殊杯具都不錯，但也絕非必要。二手商店通常是廉價玻璃器皿的藏寶庫，但請確保杯具要能夠裝下想要的酒液和冰塊：如淺碟香檳杯（至少裝得下180ml）、可林杯（至少裝得下300ml），還有老式酒杯（至少裝得下360ml）。如果事先冰鎮過酒杯，可以讓冰飲能夠較長時間保持一定的冷度——在飲用雞尾酒之前，可以先把酒杯暫時冷藏或冷凍5分鐘，或是在酒杯中裝滿冰塊和水，冰鎮幾分鐘。

裝飾物

本書中介紹的大多裝飾物在製作上較不費工，只要串一串並放入飲品中即可（在此意指使用橄欖或黑櫻桃的情況），或用刀具切一切（像是萊姆角、鳳梨片等等）。另一種常見的裝飾物則較費工，那就是用果皮油來調味飲品的柑橘皮捲。其作法是選顆柑橘類水果，用刀具或削皮器取下一塊果皮。從

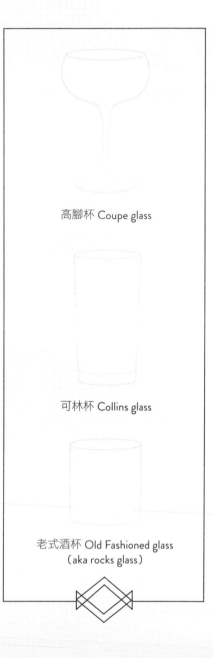

高腳杯 Coupe glass

可林杯 Collins glass

老式酒杯 Old Fashioned glass
（aka rocks glass）

上切到下（而不是沿著圓面左右橫切）的方式可以取下面積較大塊的果皮。將果皮切面朝上放在砧板上，盡可能切掉多餘的白色苦膜，這部分請將刀面平行於砧板橫切（不要用刮的）。如果需要的話，這個階段可以把果皮邊緣切得俐落一點；如果想要更花俏，可以使用一些鋸齒剪刀剪出鋸齒邊。把切好的果皮（切面朝上）拿在酒杯上方，以拇指和食指扭旋皮捲，讓皮油噴到酒液表面。如果需要的話，也可以用切好的果皮直接抹在杯緣和杯腳上，最後稍微扭轉成皮捲丟入飲品中。對於以薄荷葉等草本植物裝飾為特色的飲品，取一小枝葉的草本植物，並輕輕拍壓以釋放其中精油，如此一來客人在品嚐雞尾酒時，便能連帶聞到裝飾物的味道。

AGUA DE VALENCIA

VALENCIA, SPAIN

瓦倫西亞之水

瓦倫西亞，西班牙

瓦 倫西亞之水可以算是酒吧界裡最有意思的笑話，此款雞尾酒是在1959年誕生，其起源於一群來自巴斯克的遊客，他們經常到瓦倫西亞Cervería Madrid酒吧光顧，由於巴斯克地區當地的畢爾包人最聞名之舉就是把卡瓦氣泡酒當水狂飲，所以他們每次來到此地必點有「畢爾包之水」（Agua de Bilbao）稱號的西班牙卡瓦氣泡酒。然而，酒吧調酒師康斯坦特·吉爾（Constante Gil）開玩笑地建議他們要不要嚐一下瓦倫西亞之水──於是這使得他不得不立刻催生出一款雞尾酒。

吉爾的隨機應變產生了一杯類似混調的含羞草（Mimosa）雞尾酒，其酒譜是混合柳橙汁、伏特加、琴酒、糖和卡瓦氣泡酒（想必是為了取悅巴斯克遊客）。任何走訪過瓦倫西亞的人都會明白吉爾使用柳橙汁的理由：瓦倫西亞城鎮的大街小巷是遍佈著柳橙樹，而繪有柳橙圖案的彩釉花磚也到處裝飾在主要火車站（Estació de València Norte）和中央市場（Mercat Central）等城市地標。另外，雖然柳橙發源地是在加州，但「瓦倫西亞橙」（Valencia orange）理所當然還是以瓦倫西亞為命名。

儘管在整個1960年代中，瓦倫西亞之水仍被Cervería Madrid酒吧歸到隱藏版特色酒單上，但到了1970年代，該款雞尾酒已經紅遍各個酒吧和餐館。而後隨著西班牙獨裁者弗朗西斯科·佛朗哥（Francisco Franco）於1975年逝世後，瓦倫西亞的地方特色和方言也逐漸復興起來，瓦倫西亞之水更順勢成為瓦倫西亞當地自豪的飲食文化象徵。而1990年代開始蓬勃發展的瓦倫西亞觀光業，也讓這款好喝入口的當地特色酒飲更加出名。

酒譜

45 ml（1½盎司）伏特加
45 ml（1½盎司）琴酒
15 ml（½盎司）糖漿
200 ml（6¾盎司）新鮮冰柳橙汁
750 ml（25盎司）冰卡瓦氣泡酒
　或其他不甜或半甜氣泡酒

調製方法

在雪克杯中直調伏特加、琴酒和糖漿，加入冰塊搖勻。雙重過濾後倒入大壺，接著依序加入柳橙汁和卡瓦氣泡酒。快速攪拌後，加入新鮮冰塊，最後倒入笛型或淺碟香檳杯中即可飲用。

調酒師訣竅：柳橙汁和卡瓦氣泡酒越冰越好。最好用新鮮現榨的柳橙汁，並且過濾掉果粒，不然果汁榨好一個小時後，水果酵素會開始產生苦味。

份量：5 人份

AROUND THE WORLD

HONG KONG, CHINA

環遊世界

香港·中國

世界各地的交易站，通常是文化交流和商品交換的場所，早已成為許多經典雞尾酒的誕生地。但是，香港作為世界通往中國的門戶，同時也是史上最重要的港口城市之一，卻沒有任何一款的經典雞尾酒，這真是一個謎。根據酒吧顧問安格斯·溫徹斯特（Angus Winchester）的說法，槍手（Gunner）是唯一被視為真正源自東方之珠的雞尾酒，其酒譜是把等量的薑汁啤酒和薑汁混調，並帶點安格仕苦精。針對眾所皆知的香港悶熱夏日來說，這是一款很好的消暑解渴飲品，但卻很難與曼哈頓（參見第80頁）相提並論。

彷彿為了彌補這份欠缺經典雞尾酒的尷尬，香港目前的酒吧氛圍可以說是活力四射，有不少時尚的聚會場所透過前衛創新手法打造出原創雞尾酒。香港酒吧具備著別出心裁的表現風格，比方說：雞尾酒盛裝在瓷製迷你浴缸，並放上一隻橡皮鴨；雞尾酒裝入血袋中，並放在裝滿冰塊的腎形盤上面；還有裝進燈泡造型容器的雞尾酒，正等著被倒入放有骷髏頭造型冰塊的杯中等。而來自香港的Tiki熱帶風情Honi Honi酒吧的環遊世界更是順此潮流所創造：其裝酒器皿是以半個地球儀造型呈現。由於這款調酒巧妙地把太平洋風味（蘭姆酒、百香果和鳳梨）、亞洲花香調（茉莉花糖漿）和特級奢華感（泰廷爵香檳）混調，這也算是向香港的歷史和其作為當前世界最有影響力的港口城市之一致上一份敬意。

酒譜

250 ml（8½盎司）鳳梨汁
200 ml（7盎司）番石榴汁
150 ml（5盎司）蔓越梅汁
150 ml（5盎司）百香果果泥
125 ml（4盎司）陳年深色蘭姆酒
100 ml（3½盎司）白色蘭姆酒
100 ml（3½盎司）金色蘭姆酒
75 ml（2½盎司）萊姆汁
50 ml（1¾盎司）水蜜桃香甜酒
22 ml（¾盎司）茉莉花糖漿
22 ml（¾盎司）香蕉糖漿
5滴　香味苦精
750 ml（25盎司）冰鎮香檳
　或其他不甜氣泡酒
百香果殼，裝飾用
食用花瓣，裝飾用

調製方法

把所有材料（香檳除外）與冰塊放入大型雞尾酒缸混調後，倒入香檳快速攪拌均勻，以百香果殼和食用花瓣裝飾。

調酒師訣竅：原創酒譜使用的是泰廷爵香檳（Taittinger），但任何不甜氣泡酒都可以發揮同等效果。

份量：10人份

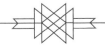

BAMBOO

YOKOHAMA, JAPAN

竹子 横濱，日本

竹子雞尾酒因為是在日本首創的第一款雞尾酒，故早已小有名氣。但從許多方面來看，由於酒譜中的不甜苦艾酒是產自法國，雪莉酒產自西班牙，而原創調酒師是德國人路易士·埃平格爾（Louis Eppinger），也許因為這些歐洲元素的關係，而使得竹子雞尾酒成為最無法想像的日本酒款。竹子雞尾酒是以雪莉酒和苦艾酒（這兩款是1890年代最受歡迎的酒類）簡單混調而成，再加上少量苦精，這是一款幾乎可以無所不在的飲品；事實上，類似的混調版本出現在美國，印度可能也有，而在此之前據說竹子雞尾酒是埃平格爾在橫濱首創的。

竹子雞尾酒的發源地也許令人料想不到，但也算是意外之喜。儘管竹子雞尾酒品嚐起來特別不像日本風味，但卻別有一番簡約實在的雅風，即近於日語「渋さ」（shibusa）的概念──其詞意表達出兼具簡單和複雜、質樸和細緻、經濟和品質的藝術平衡。許多經典的雞尾酒都具有這種特性，或許這就是為什麼在20世紀後半期，日本人會如此熱衷接受外來雞尾酒文化的理由吧！而且這一點也意外地讓禁酒令前的調酒技術及類型在日本落地生根。

竹子雞尾酒如同許多其他經典雞尾酒的酒譜一樣，其調配非常彈性靈活。如果想來點刺激體驗，可混搭不同類型的不甜雪莉酒來打造一杯「雙基調酒」（split base），像是選用口感清爽的Manzanilla，加點堅果香的Amontillado或深沈內斂的Palo Cortado──這個時髦特調方法是出自東京銀座Bar High Five的調酒大師上野秀嗣所創。如果個人想來點略帶柔和與溫潤的口感，可將不甜苦艾酒換成甜苦艾酒（採取此酒譜的話，請省略糖漿）。但是在法國調酒師尚·里波尤（Jean Lupoiu）於1928年所撰的《370款雞尾酒酒譜》（370 Recettes de Cocktails）一書中所採用的調法，或許是我所見識到變化效果最佳的作法：以極少量的柑橘香甜酒來取代糖漿，讓一杯非常樸實的雞尾酒，更是添上一番柑橘辛香的滋味。

酒譜

45 ml（1½盎司）不甜雪莉酒
　　（Fino或Manzanilla）
45 ml（1½盎司）不甜苦艾酒
5 ml（¼盎司）糖漿
　　或柑橘香甜酒（隨意）
1滴　柑橘苦精
1滴　苦精
檸檬皮，裝飾用

調製方法

在調酒杯中加入所有材料與冰塊攪拌至冰涼。濾冰後倒入冰鎮過的淺碟香檳杯，最後以檸檬皮裝飾。

BANANA DYNASTY

MAOTAI, CHINA

香蕉王朝
茅台，中國

世界上最暢銷的酒款是大多數西方人不太可能嚐過，甚至也很少聽說過的一種酒：白酒，這是一款來自中國、主要以高粱為基底的蒸餾酒。白酒年產量高達106億公升（28億加侖），而中國境內足以消耗大部分的產量，剩下少部分則外銷。對初次品嘗的人而言，白酒聞起來像是洗衣籃的臭酸味或腐爛的水果味。不過，西方人所聞到的這股強烈刺鼻味，其實是中國白酒迷品飲討論的複雜香型元素，其區分為醬香型、米香型、清香型、濃香型，及其他香型等五種。

在中國現有的各款白酒風味中，西方人最有可能喝到的是由貴州茅台酒公司在貴州省茅台鎮生產的貴州茅台酒（1949年共產革命後，該鎮名從茅台改為毛台，以茲紀念毛澤東）。茅台酒是白酒的一種，猶如干邑是白蘭地的一種，兩者都是享有盛名並被大家拿來暗中評斷標準的酒種。這種香氣十分複雜的烈酒，是以黏稠的高粱原料加上傳統酒麴先行發酵後，蒸餾九次並在陶罐中陳釀三年。1972年美國總統理查‧尼克森（Richard Nixon）訪問中國期間品嚐了好幾口白酒，這一點贏得了中國國務院總理周恩來的好感，而讓該次訪問最終被譽為全球外交的里程碑。兩年後，當鄧小平訪問美國時，亨利‧季辛吉（Henry Kissinger）對他說：「只要喝夠了茅台酒，所有問題都能迎刃而解。」

由於茅台酒是一種罕見且釀造原料幾乎鮮為人知，因此在混調飲品中並不常見；這一點也是貴州茅台酒公司在2015年舉辦世界首次茅台雞尾酒大賽時，試圖突破之處。當時獲獎作品是雪梨調酒師博比‧凱里（Bobby Carey）創作的香蕉王朝。他將茅台酒的泥土味道與香蕉香甜酒的水果香味混調，而苦艾酒和苦精則把前述兩種矛盾味道融合為和諧的一體。

酒譜

40 ml（1¼盎司）茅台酒
20 ml（¾盎司）香蕉香甜酒
15 ml（½盎司）甜苦艾酒
2滴　苦精
柳橙皮，裝飾用

調製方法

在調酒杯中直調所有材料後，加入冰塊攪拌至冰涼。濾冰後倒入老式酒杯，加入大量冰塊，最後以柳橙皮裝飾。

BETWEEN THE SHEETS

JERUSALEM, ISRAEL

床笫之間

耶路撒冷，以色列

在紅髮蕩婦（Red-Headed Slut）於世界各地的廉價酒吧頗為出名的年代裡，這個名稱似乎不怎麼令人大驚小怪。不過，當床笫之間（Between the Sheets）出現之際，這款雞尾酒名確實有些敗壞風俗。而這款雞尾酒的成功可能也帶壞了後來幾款雞尾酒的命名，例如：性愛沙灘（Sex on the Beach）和尖叫高潮（Screaming Orgasm）。

床笫之間的雞尾酒系譜很有趣，其傳統酒譜只比「側車」酒譜（參見第134頁）額外多加了點白色蘭姆酒——這一點的確加強了酒勁，但未必對側車經典的精緻平衡口感有所改良。其他床笫之間酒譜仍以側車為主，但加了一點點強烈的班尼迪克丁香草酒使之更加香甜，因而順勢把這款調酒帶到了甜點酒的領域。有人聲稱床笫之間的起源可追溯至1930年代，由調酒師哈利・麥克艾爾宏（Harry MacElhone，參見第49頁）於巴黎Harry's New York Bar調製的，但也有其他人追溯至波利先生（Mr. Polly）於1921年在倫敦Berkeley Hotel擔任經理時 的創作。

還有第三個更有趣的理論，並且還附帶其獨特的酒譜。那就是遍訪世界飲品的作家查爾斯・貝克（Charles H. Baker）在1920年代和1930年代記述了世界各地的飲品，其中他講述到自己在耶路撒冷的King David飯店酒吧度過的一個下午，當時他跑進飯店躲避外頭街上的阿拉伯人和猶太人之間的暴力紛爭（「他回憶說：一場討厭的混亂，最後英國兵街頭上陣帶著機關槍和帶刺鐵絲網——所有現代的文明秀」）。當時調酒師韋伯先生（Mr. Weber）調製了一杯床笫之間給他，因為喝了之後很滿意，所以從韋伯的私藏手札中取得酒譜，並附註這杯雞尾酒「早已在整個近東地區非常出名」。韋伯版本的床笫之間以琴酒來取代以往的白色蘭姆酒，這一個小小的調整讓這款調酒凸顯出與側車完全不同的風味——其口感有點辛辣，其中尖銳的杜松子香則穿透濃烈的干邑味道。

酒譜

22 ml（¾盎司）干邑
22 ml（¾盎司）琴酒
22 ml（¾盎司）柑橘香甜酒
　　或白柑橘香甜酒
22 ml（¾盎司）檸檬汁
檸檬皮，裝飾用

調製方法

在雪克杯中直調所有材料，加入冰塊搖勻至冰涼。雙重過濾後倒入冰鎮過的淺碟香檳杯，最後以檸檬皮裝飾。

BIRD OF PARADISE

COLÓN, PANAMA

天堂鳥
科隆，巴拿馬

如果你想在1848年至1855年期間，從美國東岸出發，前往加利福尼亞投身淘金熱，那麼最快抵達的捷徑之一就是航行通過巴拿馬的科隆。從巴拿馬鐵路的大西洋終點站出現的那一刻起，「49淘金客」（forty-niners）都會經過眼前這個骯髒無序的臭名小鎮前往加利福尼亞。49淘金客把惡習帶到迎合他們的科隆，因此造就成一條酒瓶巷（Bottle Alley），這是一條美國人嫖妓嗑藥的臭名泥濘巷。當地流傳說，當這條巷子在1890年代鋪設道路時，由於泥濘裡埋藏了大量破碎的酒瓶玻璃，因此無需再鋪設礫石基礎。

科隆有幸位於利蒙灣東岸，也就是長期計劃發展通往大西洋的巴拿馬運河入口處。在法國人多次修建運河失敗之後，美利堅合眾國於1904年接管了該修建計畫——此舉導致巴拿馬叛亂分子宣布從哥倫比亞獨立，並由美國掌管巴拿馬運河區。運河建設工程引進了一大批美國白人來執行工程和文書工作；至於勞力部分，當然很不幸的只能留給來自南歐和西印度群島的貧困移民者。而Stranger's Club就是這些美國人在科隆首選的酒吧，也是該鎮第一個正式開業的雞尾酒吧。

Stranger's Club的異國風調酒是這款天堂鳥：基本上就是用覆盆子糖漿取代糖的紐奧良費士（現今更為人熟知的是拉莫斯琴費士）。該酒譜改編自Tiki歷史學家「海灘流浪人」傑夫·貝里（Jeff 'Beachum' Berry）所撰《加勒比海的魔藥》（Potions of the Caribbean）一書中的酒譜，這是一款能夠擊敗炎熱赤道地帶的清爽飲品——憑藉少量鮮奶油和粉紅色調的呈現，天堂鳥帶來了科隆曾經聞名於世的熱帶頹廢腐敗的氣息。

酒譜

60 ml（2盎司）琴酒
30 ml（1盎司）鮮奶油
30 ml（1盎司）萊姆汁
22 ml（¾盎司）覆盆子糖漿
2或3滴　橙花水
1個　蛋清
90 ml（3盎司）氣泡水
熱帶花瓣，裝飾用

調製方法

在雪克杯放入所有材料（氣泡水除外），乾搖至蛋清打發成泡沫狀，接著加入冰塊搖勻至冰涼。雙重過濾後倒入可林杯，再倒入氣泡水。最後加入新鮮冰塊，以熱帶花瓣裝飾。

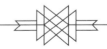

BLACK RUSSIAN

BRUSSELS, BELGIUM

黑色俄羅斯
布魯塞爾，比利時

可憐的老比利時。多虧因為過去被爭奪、分裂和統治的悠久歷史，而形成小有名氣的混合語言之國，該國分成三個語區，法語之瓦隆區、荷語之法蘭德斯區和少數人口的德語區，而且沒有固定的文化認同。難怪比利時不僅是歐盟的所在地，也是歐洲人愛開玩笑的對象。更糟的是，對比利時雞尾酒歷史貢獻最著名的一款酒還用了另一個國家的名字。

史上第一杯黑色俄羅斯，是調酒師古斯塔夫‧托普斯（Gustave Tops）於1949年在布魯塞爾的Hotel Metropole所創。托普斯的版本是改編自早已存在的一款雞尾酒，其簡稱為俄羅斯（Russian），原酒譜則是收錄在哈利‧克拉多克（Harry Craddock）於1930出版的《美味雞尾酒手札》（Savoy Cocktail Book）一書中。這款雞尾酒主要是以等量的琴酒、可可酒（白色或深色未指定）和伏特加混調而成。而飲料的調製方法表明了克拉多克對這款酒的看法：「搖勻後，濾冰倒入雞尾酒杯，然後一飲而盡」。然而，托普斯的俄羅斯調製方法，捨棄琴酒，並把可可酒換成在1936年首次亮相的墨西哥咖啡酒——卡魯哇咖啡酒。

1960年代初，托普斯的黑色俄羅斯充分展現風格。也多虧詹姆士龐德電影中的名人代言和精明產品的置入行銷，伏特加至少在美國是定義時代精神的靈魂。大約同一時間，卡魯哇咖啡酒也成為世界上最暢銷的利口酒——歸功於行銷天才進口商朱爾斯‧伯格曼（Jules Berman）的引進，他巧妙地在廣告中利用前哥倫布時的雕像來置入行銷Tiki熱潮（參見第79頁）以達到利口酒的宣傳。而1961年出版的《晚餐俱樂部飲料酒譜》（Diner's Club Drinks Books）為托普斯的俄羅斯引用了「黑色」一詞，隨後又推出了白色俄羅斯，這款是電影《謀殺綠腳趾》（The Big Lebowski）中綽號督爺（The Dude）的主角最愛喝的飲品。雖然白色俄羅斯受歡迎的程度已經超越了其始祖，但黑色俄羅斯確實是值得再三品味的調酒。用這種不甜的酒譜調製時，就會像督爺本人一樣不停地續杯。

酒譜

60 ml（2盎司）伏特加
30 ml（1盎司）卡魯哇咖啡酒

調製方法

在調酒杯中直調所有材料，加入冰塊攪拌至冰涼。濾冰後倒入老式酒杯，加上冰塊。

調酒師訣竅：白色俄羅斯雞尾酒的調製方法，是在調好的黑色俄羅斯雞尾酒裡，沿著吧叉匙的背面倒入30ml的鮮奶油。

BOBBY BURNS

ALLOWAY, SCOTLAND

鮑比伯恩斯
阿洛威，蘇格蘭

蘇格蘭威士忌因其風味在雞尾酒中難以掌控而聞名。無可否認地，部分因素在於其多樣性的風味。如果用帶有泥煤味的艾雷島麥芽威士忌來調製一杯羅伯洛伊（Rob Roy），其口感跟用濃醇雪莉桶陳釀的斯佩賽威士忌很不一樣。還有顧及到那些沈迷蘇格蘭威士忌的愛飲者，在他們心愛的生命之水（蘇格蘭蓋爾語稱之uisge-beatha，用來比喻蘇格蘭威士忌）中摻雜幾滴水（若有必要，冰塊是最好的選擇）以外的任何東西是會遭天譴的。

對阿洛威地區的蘇格蘭文學非常有貢獻的，首推十八世紀詩人羅伯特‧伯恩斯（Robert Burns）。他可以把英文句子改寫得很優雅，卻將英文視為惡魔的文字，因此喜歡用蘇格蘭方言來創作詩詞。即便實用主義迫使他壓抑對被廢掉的斯圖亞特皇室家族懷著詹姆斯黨派的同情。然而，卻成為法國和美國熱情的改革支持者，並期待著工人們不必「努力維持貴族的傲慢」。身為稅務官的他，即便對新興的蘇格蘭威士忌產業徵稅，但私下卻諷刺稅務官一職，並撰寫了著名詩歌——「自由與威士忌結伴而行！」（Freedom an' whisky gang thegither!）。因此，這款以他名字命名的雞尾酒，以難以馴服的蘇格蘭威士忌作為基酒，或許也蠻恰當的。

據說，鮑比伯恩斯是羅伯洛伊（又是曼哈頓的變化版，參見第80頁）演變而成，酒譜是以蘇格蘭威士忌代替裸麥或波本威士忌。而針對羅伯洛伊該如何調整也有異議。1931年的《華爾道夫酒吧老時光》（Old Waldorf Bar Days）一書中概述禁酒令前的酒譜，其中以艾碧斯茴香酒取代苦艾酒；而哈利‧克拉多克的版本則來自1930年的《美味雞尾酒手札》（Savory Cocktail Book）一書，其酒譜忠於經典的50/50羅伯洛伊（50/50 Rob Roy），但以艾碧斯茴香酒取代柑橘苦精和班尼迪克丁香草酒。大衛‧恩伯里（David Embury）在《調酒的藝術》（The Fine Art of Mixing Drinks）一書中雖大力推薦以蘇格蘭蜂蜜香甜酒（Drambuie）取代法國的班尼迪克丁香草酒，但考量到法國和蘇格蘭間的昔日聯盟及法國支持詹姆斯黨等因素，酒譜仍保留班尼迪克丁香草酒。

酒譜
60 ml（2盎司）蘇格蘭威士忌
30 ml（1盎司）甜苦艾酒
5 ml（¼盎司）班尼迪克丁香草酒
　（Bénédictine）
1滴　裴喬苦精
檸檬皮，裝飾用

調製方法
在調酒杯中直調所有材料，加入冰塊攪拌至冰涼。濾冰後倒入淺碟香檳杯，最後以檸檬皮裝飾。

BRANDY OLD FASHIONED

MILWAUKEE, USA

白蘭地老式經典 密爾瓦基，美國

正當法國干邑在精緻調酒圈中擁有許多愛好者，但在1850年代和1860年代的陶醉時光之後，在美國白蘭地的名聲卻開始下滑。回溯當時，一位紳士調配的薄荷朱利普（參見第90頁）是不用通俗的威士忌，反而加入白蘭地混調，而來自紐奧良的Sazerac Coffee House（參見第127頁）的雞尾酒，則與這款Sazerac du Forge et Fils品牌的干邑一起攪拌。如今，除了威斯康辛州之外，白蘭地不再獨霸一方。在威斯康辛州中是習以白蘭地混七喜（Brandy and Seven），而不是威士忌混七喜（Seven and Seven），曼哈頓則是以白蘭地加苦艾酒混調，而老式經典則以白蘭地混合大量的bug juice（把糖、苦精和水事先混合的飲料）和少量七喜，最後以半片柳橙和火紅櫻桃裝飾。

這種現代的老式經典與柏拉圖式的老式經典有很大不同：在60ml（2盎司）的烈酒中加入一點糖漿和苦精以添加風味，最好在飲用前加入一顆大冰塊，並僅以柑橘水果切片裝飾。這款出自威斯康辛州密爾瓦基市的白蘭地老式經典，其口感香甜且易於入口，裝飾精美無可挑剔，而且調製方法也一般。這張出自波特蘭調酒師傑佛瑞‧摩根泰勒（Jeffrey Morgenthaler）之手的酒譜，為此款雞尾酒增添一番調酒新技藝，並在不失威斯康辛州的特性之下淡化其甜味口感。

那麼在十九世紀末，當美國其他州都改用威士忌的同時，為什麼白蘭地卻主宰了獾之州（威斯康辛州的別稱）的飲酒文化呢？根據威斯康辛州的餐廳美食評論家傑瑞‧明尼奇（Jerry Minnich）的說法是，威斯康辛州是德國移民人口密集的地方，這些移民於1893年在伊利諾伊州芝加哥市舉辦的哥倫比亞博覽會上不僅發現、也愛上了Korbel白蘭地。不過，令人好奇的地方是，最早有關老式經典的書面文獻也來自1880年代的芝加哥。或許這是因為參觀哥倫比亞博覽會的德國移民們，在既喜歡Korbel白蘭地又熱愛老式經典之下，於是把這兩樣元素帶回了密爾瓦基的家鄉，並且融合在一呢？

酒譜

2滴　苦精
1顆　方糖
半片　厚切柳橙
1顆　優質糖漬櫻桃
60 ml（2盎司）白蘭地
　　（以Korbel品牌為優選）

調製方法

把所有材料（白蘭地除外）放入老式酒杯中搗成泥狀，但避免搗碎含有苦味成分的柳橙白膜和果皮部分。接著加入白蘭地攪拌均勻，最後加上碎冰。

CAIPIRINHA

PARATY, BRAZIL

卡碧尼亞 帕拉蒂，巴西

巴西人肯定喜歡他們的卡莎薩甘蔗酒，這是一種以甘蔗為原料的烈酒，有點類似蘭姆酒。在年產量12億公升的卡莎薩甘蔗酒之中，只有1%是出口到國外。而巴西的男女老少每年只能分配到不到6公升的卡莎薩甘蔗酒。其中很大一部分是用來調配巴西國民雞尾酒——卡碧尼亞。

儘管卡碧尼亞在巴西人民心中的地位很重要，但這款雞尾酒的起源並非相當明確。最常聽到的故事版本，就是這款雞尾酒是以萊姆汁、大蒜、蜂蜜和卡莎薩甘蔗酒混調發展而來的，而且是熱飲，主要是為了抵抗1918年席捲全球的西班牙流感疫情的影響而釀製。然而，這款雞尾酒在1992年稍有變化，在作法上去除大蒜，並加入些許冰塊。卡碧尼亞在成為聖保羅現代藝術週的正式飲品之後，也順勢變成紅遍大街小巷的國民飲品。但從巴西歷史學家君內‧梅洛（Diuner Melo）在近期發現的例證上來看，這款雞尾酒至少可追溯至1856年，當時里約熱內盧附近的帕拉蒂地區爆發霍亂疫情，那段期間是用萊姆、糖和卡莎薩甘蔗酒所調製的飲料來取代水。梅洛的觀點相當具有可信度，在十九世紀其他地區的霍亂爆發期間，酒是建議的解決之道。例如，1832年在蘇格蘭伊凡尼斯的霍亂爆發時，便使用大量琴酒來抵抗病菌。而由於帕拉蒂（Paraty）與卡莎薩甘蔗酒（cachaça）的連結曾經很緊密，因此葡萄牙文的parati是cachaça的古老同義詞。

把甘蔗蒸餾酒、萊姆和糖混合並非是完全創新的做法，這可以回溯至十六世紀橫跨加勒比海和南美洲的民俗傳統，當時第一杯龍之飲（參見第93頁）是調配來治療英格蘭私掠者法蘭西斯‧德雷克爵士肚子痛的問題。事實上，卡莎薩甘蔗酒比加勒比地區的現代蘭姆酒早一個世紀誕生，這一點造就了卡莎薩甘蔗酒成為蘭姆酒的前身烈酒。或許把當代卡碧尼亞稱為黛綺莉的原型（參見第30頁）也頗為恰當：搗爛的萊姆角漂浮在混濁酒液上，看起來就像是在亞馬遜黑水河滑行的黑凱門鱷般既原始又致命。

酒譜

半顆　萊姆
1茶匙　黑糖
60 ml（2盎司）卡莎薩甘蔗酒

調製方法

萊姆切成楔型，與黑糖一起放入老式酒杯中搗碎，萊姆汁與黑糖混合後，加入卡莎薩甘蔗酒攪拌均勻，最後加滿碎冰。

CHAMPAGNE À NICHOLAS II

ST PETERSBURG, RUSSIA

尼古拉二世香檳

聖彼得堡，俄羅斯

從十八世紀開始直到1917年俄羅斯帝國瓦解之後，俄羅斯貴族轉向西方取經尋覓靈感。例如，聖彼得堡創立者彼得大帝（Peter the Great）的「向西看齊」並不僅僅是說說而已，聖彼得堡建立在俄羅斯帝國最西邊邊陲地帶，這塊領土是彼得大帝特別為了通往波羅的海而取得的。彼得大帝的目標是建立一座展現井然有序和宏偉壯麗大道的首都來與凡爾賽宮的輝煌相媲美。由於彼得大帝是俄國沙皇，他可以投入大量人力來實現這一個願景。在建都期間有超過十萬的農奴死亡，彼得大帝並下令禁止任何人在聖彼得堡外建築石造住宅，以確保有穩定足夠的石匠參與建設。彼得大帝的繼任者凱薩琳大帝（Catherine the Great），儘管她本身是普魯士人，仍繼續與包括伏爾泰在內的主要啟蒙思想家交流，以便延續彼得大帝的愛戀法國風。

在整個十九世紀裡，法國領銜的香檳酒莊向有「北方威尼斯」稱號的聖彼得堡出口了大量的香檳酒。即便是無畏的資本家也為了迎合當地口味而調整香檳味道。他們觀察到俄羅斯飲用者都會在桌上放一碗糖，以便摻入葡萄酒，因此他們開始為俄羅斯市場客製含有大量糖分的香檳：每公升的香檳摻入高達300克的糖，幾乎是現代的可口可樂含糖量的三倍。

考慮到俄羅斯貴族對於甜食與法國文化的熱愛，也許連末代沙皇尼古拉二世（Nicholas II）都愛飲一杯濃甜香檳也不足為奇了。尼古拉二世本身偏愛的濃甜香檳添加了更為醇厚香甜的黃色法國夏特勒茲藥草酒（French herbal liqueur Chartreuse），即使動盪全球的第一次世界大戰最後斷送了尼古拉本人的性命（1918年他與家人一起被處決）。一艘沉沒於波羅的海的商船可以發掘大量關於俄羅斯貴族飲酒習慣的證據，因為海底的光線、溫度和壓力，在在創造了近乎完美的酒窖條件，可以讓香檳保存相當長的時間。

酒譜

10 ml（¼盎司）黃色夏特勒茲藥草酒
150 ml（5盎司）冰鎮香檳
　（或其他氣泡酒）
檸檬皮，裝飾用

調製方法

在笛型香檳杯中直調所有材料，並以細檸檬皮裝飾。

CHARLESTON

MADEIRA, PORTUGAL

查爾斯頓
馬德拉．葡萄牙

1419年葡萄牙探險家亨利王子（Infante Dom Henrique）在摩洛哥海岸以西500公里處發現了無人居住的馬德拉島，而在此地種植葡萄幾乎是必然的。由於葡萄牙擁有建立已久的葡萄酒產業，儘管馬德拉島的炎熱氣候更適合種植甘蔗，但依其山脈地理來看，其實這座島也有適宜繁殖葡萄的涼爽地點。早期這裡出產的葡萄酒因為放在船艙內進行海上運輸的關係，會導致迅速變質而不足稱道，但在加入少量的在地甘蔗烈酒（aguardente de cana，與卡莎薩甘蔗酒不同，參見第21頁）之後，葡萄酒的品質便提高了。

如今馬德拉葡萄酒能耐過航海的考驗，而飲用者也發現一個有趣的事實：航行的時間越久，葡萄酒越香醇。至於那些導致其他葡萄酒變質走味的高溫和氧氣，反而讓馬德拉酒變得更加美味好喝。於是足謀多智的馬德拉人想出了一種方法，來複製這種長途航行所導致的效果：他們將半木桶的強化葡萄酒儲放在悶熱的閣樓，讓熱氣和氧化來熟成葡萄酒。

與其他葡萄酒相比，馬德拉酒算是永生之酒，加上馬德拉島的貨物免徵英格蘭進口關稅，於是馬德拉酒便成為美國殖民地的首選，尤其像身處在南卡羅萊納州查爾斯頓這種南方城市的人特愛喝這款酒。此外，美國眾位開國元勳用來向《獨立宣言》舉杯的正是馬德拉酒，而弗朗西斯・斯科特・克伊（Francis Scott Key）在寫下《星條旗之歌》（The Star-Spangled Banner）時所啜飲的也是馬德拉酒。

自馬德拉酒全盛時期以來，其受歡迎的程度大幅下降。然而，近年來馬德拉酒卻在具有卓越價值聲譽的葡萄名酒世界興起一股小小復興潮流，並且成為精緻調酒運動所關注的傳統飲品之一。而這款出自美食作家馬特・李和泰德・李（Matt and Ted Lee）之手的優雅簡單酒譜，是搭配南方風的波本威士忌，來向馬德拉酒與美國南方之間的關係致敬。

酒譜
45 ml（1½盎司）不甜或半甜馬德拉酒（sercial或verdelho）
45 ml（1½盎司）波本威士忌
2或3滴 苦精
柳橙皮，裝飾用

調製方法
在調酒杯中直調所有材料，加入冰塊攪拌至冰涼。濾冰後倒入冰鎮過的淺碟香檳杯，最後以柳橙皮裝飾。

COFFEE COCKTAIL

VILA NOVA DE GAIA, PORTUGAL

咖啡雞尾酒

加亞新城，葡萄牙

英格蘭和葡萄牙有著悠久的聯盟歷史。因此，在英法戰爭爆發後，英格蘭商人向葡萄牙進口葡萄酒是很自然的一件事。由於從葡萄牙進口葡萄酒的關稅非常低，因此杜羅地區（Douro）的葡萄酒在英格蘭廣受歡迎。加亞新城區（Vila Nova de Gaia）的杜羅河岸很快就標滿英文姓氏的酒庫，例如：克羅夫特（Croft）、科克本（Cockburn）、桑德曼（Sandeman）和泰勒（Taylor）等。

從杜羅河運出的葡萄酒為了免受倫敦海上航行的嚴峻考驗，而經過強化處理來保存。但是，由於需求量不斷增長，貧乏不足的杜羅葡萄酒也藉由摻假接骨木果和糖等食品，來改善其色澤和風味，因而打壞了杜羅葡萄酒的聲譽。到了1756年杜羅葡萄酒業陷入危機之中，當時的葡萄牙總理龐巴爾侯爵（Marquês de Pombal）透過建立全球第一個法定葡萄酒監管機構杜羅河上游葡萄酒農業通用公司（Companhia Geral da Agricultura das Vinhas do Alto Douro）來控制危機局面。在杜羅河上游葡萄酒農業通用公司監督下，杜羅葡萄酒的質量和聲望皆有所提升。由於杜羅釀酒師在生產過程初期便開始添加白蘭地，因此保留了葡萄的天然甜味。如今所看到的波特酒（Port wine）便是如此誕生的。

但好景不常，通用公司遭遇到不尋常的命運。1833年，在葡萄牙的兩個王位競爭者之間的衝突中，通用公司的倉庫被夷為平地。超過2萬個酒桶，大約110萬公升的波特酒流入杜羅河的港口，整條河流染成紫色。還好這個產業挫折只是暫時性的；強化精煉且高質量的波特酒早已在英格蘭上流階級建立起好口碑。而有一小部分經典雞尾酒是以波特酒作為基酒，其中包括這款不含咖啡的著名咖啡雞尾酒（一名匿名編輯把這款雞尾酒編入傑瑞‧湯瑪斯1887年版本的《調酒師指南》〔Bar-Tender's Guide〕一書中），當時這款酒調製得宜時看起來就像是一杯咖啡，也許雞尾酒名就是因此而來的吧。

酒譜

1顆 全蛋
60 ml（2盎司）波特酒
30 ml（1盎司）白蘭地
肉荳蔻粉，裝飾用

調製方法

將蛋打入雪克杯，並清掉碎殼。輕輕攪拌後，加入剩餘材料，乾搖至打發成泡，然後加入冰塊並搖晃至冰涼。雙重過濾後倒入冰鎮的波特酒杯或淺碟香檳杯，最後撒上新鮮磨碎的肉荳蔻粉。

CONDE NICCOLÒ

BUENOS AIRES, ARGENTINA

尼柯洛伯爵
布宜諾斯艾利斯，阿根廷

阿根廷人愛喝菲奈特布蘭卡藥草酒（Fernet-Branca），説實在話這個説法有點客氣，應該説阿根廷人非常愛喝菲奈特布蘭卡藥草酒，以至於布宜諾斯艾利斯的釀酒廠在2013年就為南美市場生產了四百萬箱的酒，並且正努力將產量擴大成兩倍。而深受大眾喜愛的費爾南多就是在這樣的氛圍中，用菲奈特布蘭卡藥草酒加可口可樂調配出來的。這款調酒猶如英格蘭普通的琴通寧（參見第54頁）那般處處可見，其受歡迎程度可見一般。由於他們實在太愛喝了，所以阿根廷政府在2014年把這款酒納入價格凍結計劃，以免價格受到通貨膨脹的影響。以上種種説法皆可證明菲奈特布蘭卡藥草酒是否源自阿根廷，但事實上這款藥草酒起源於義大利。

菲奈特布蘭卡藥草酒於1845年在米蘭首次推出，其味道深受義大利人的喜愛，而這款極其苦澀的草本物質，在十九世紀末與義大利移民首次一起抵達阿根廷。菲奈特布蘭卡藥草酒最初以藥品而非休閒飲品的名義販售，説穿了是一種名副其實的萬靈丹，能夠緩解經痛、幫助消化、減少焦慮、消除頭痛和消減老化的影響。這是一種烈酒，含有分量不少的鴉片劑（如今已減到極微量），這一點可能也是有助於這款酒普及的原因。

在1990年代，菲奈特布蘭卡藥草酒的阿根廷分公司開始對年輕消費者積極行銷，並推廣用可口可樂搭配菲奈特布蘭卡藥草酒，調製成費爾南多。費爾南多受歡迎的程度對於阿根廷的菲奈特布蘭卡藥草酒來説是利害參半，許多飲酒者至今仍認為這種烈酒應該只能和可樂混調。因此，位於布宜諾斯艾利斯的The Harrison Speakeasy酒吧調配了尼柯洛伯爵來挑戰費爾南多的酒譜。尼柯洛伯爵是一款以現任布蘭卡兄弟（Fratell Branca）酒莊董事長尼柯洛·布蘭卡（Nicco-lò Branca）命名的雞尾酒。

酒譜

2片　硬幣大小的新鮮薑片
60 ml（2盎司）菲奈特布蘭卡藥草酒
30 ml（1盎司）萊姆汁
30 ml（1盎司）肉桂糖漿
　（參考下列的技巧説明）
肉桂粉，裝飾用
蘋果片，裝飾用

調製方法

在雪克杯中放入薑片搗碎後，加入其餘材料，並加滿碎冰。搖勻至冰涼，雙重過濾後倒入冰鎮過的茶杯（或老式酒杯）。撒上少許肉桂粉，最後以蘋果片裝飾。

調酒師訣竅：肉桂糖漿作法是把一杯糖溶解於一杯熱水後，把4到5根中長型的肉桂棒敲碎加入糖水中。放到冰箱冰24小時後，過濾糖水並倒入殺菌過的容器，放入冰箱保存。

DAIQUIRI

DAIQUIRÍ, CUBA

黛綺莉

黛綺莉，古巴

沒有水果調味的黛綺麗，幾乎可以體現柏拉圖式的簡約優雅。酒譜只需三種材料，看似是世界上最簡單的調酒，卻在親手調配後才明白並非如此。你會發現到黛綺麗所呈現的簡約這份簡單性可是讓調酒技巧的弱點無處可藏。思考如何從烈酒、柑橘和糖這三種要素之間取得平衡，可以回歸至中世紀神學家探討上帝存在的本體論論證。

大多數歷史學家都把發明黛綺莉的功勞歸功於美國採礦工程師傑尼斯·考克斯（Jennings Cox）。他於1896年來到古巴協助西美鐵礦公司（Spanish-American Iron Company）開採馬埃斯特臘（Sierra Maestra）山區的礦床。在古巴聖地亞哥郊外的黛綺莉小鎮，他將當地的百加得（Bacardi）白蘭姆酒與萊姆汁和糖混調，這款調酒讓資淺醫療人員盧修斯·強森（Lucius W. Johnson）喝得很開心。1909年，強森把黛綺麗的酒譜帶回美國華盛頓特區的陸海軍俱樂部（the Army and Navy Club），從此這款雞尾酒便成了熱門話題。

不過，黛綺莉並不是一款具有原創想法的雞尾酒，也沒有讓美國佬想到要混合甘蔗烈酒、萊姆汁和甜味劑。在1898年美西戰爭期間，超受古巴叛亂分子歡迎的飲品甘蔗查拉（Canchánchara）就與黛綺莉相仿。這款飲品與黛綺莉相異之處僅在於甘蔗查拉沒有加冰塊，而且是用蜂蜜或甘蔗原汁來增加甜度。

因此，當美國人「發明」了黛綺莉後，古巴人則讓這款酒更加美味。哈瓦那El Floridita酒吧的首席調酒師康斯坦丁諾·里巴萊·瓦范（Constantino Ribalaigua Vert）在經過幾次試調後，研發出幾款經典黛綺莉的變化版。這些版本名稱正如「海灘流浪人」傑夫·貝里（Jeff "Beachbum" Barry）所稱「像現代主義繪畫般以編號為名」，其中包括一款日後成為厄內斯特·海明威（Ernest Hemingway）口中的首選飲品黛綺莉4號（Daiquiri NumberFour，參見第33頁）。然而，如果想測試一下自己的調酒氣概，那就一定要試試原創酒譜才行。

酒譜

60 ml（2盎司）白色蘭姆酒
22 ml（¾盎司）萊姆汁
10 ml（¼盎司）糖漿
萊姆角或萊姆片，裝飾用

調製方法

在雪克杯中直調所有材料，加入冰塊搖至冰涼。雙重過濾後倒入冰鎮過的淺碟香檳杯，最後以萊姆角或萊姆片裝飾。

調酒師訣竅：萊姆汁和糖漿的多寡取決於萊姆本身的酸度。不要害怕調整萊姆汁與糖漿的比例。

DEATH IN THE AFTERNOON

PAMPLONA, SPAIN

午後之死
潘普洛納・西班牙

當年少的厄內斯特・海明威（ErnestaHemingway）於1923年首次來到西班牙的潘普洛納時，這裡的景色雖然迷人，但卻是鮮為人知的落後小鎮。然而，潘普洛納的聖費爾明鬥牛節（San Fermín）激起了海明威與這座小鎮之間的羅曼史，因而創造出其筆下兩部著名文學傑作：《太陽依舊升起》（The Sun Also Rises）和非小說類的鬥牛頌《午後之死》（Death in the Afternoon）。於是，這些著作把潘普洛納小鎮變成今日世界的熱門觀光景點。

任何熟悉海明威的人都會跟你說，這個男人喜歡小酌，他的創造才華延伸到調製雞尾酒，即使調酒的後勁很強也無所謂。海明威個人喜愛調酒師康斯坦丁諾・里巴萊・瓦范（Constantino Ribalaigua Vert）調製的黛綺莉4號（Daiquiri Number Four）（參見第31頁），這款雞尾酒版本是無糖並加入雙倍的蘭姆酒，當代酒吧也常以海明威版黛綺莉（Hemingway Daiquiri）或老爹雙倍（Papa Doble，譯註：老爹是海明威的綽號）作為代稱。海明威還研發一款以他書名來命名的傳奇力量飲品——午後之死。

海明威的版本收錄在1935年集結名作家編撰的酒譜集《酒渣鼻或午後之酒氣》（So Red the Nose, or Breath in the Afternoon），需要艾碧斯茴香酒（45ml或1½盎司）加上足量的香檳以達到「乳化白濁狀態」。雖然這聽起來並沒那麼可怕，但如果你意識到海明威所要求的艾碧斯茴香酒酒精濃度高達75％時，才知道沒那麼簡單。最後海明威以慣常幽默諷刺的口吻在酒譜下結論：「慢慢啜飲個三至五杯吧」。

也許不足為奇的地方是海明威在後半期的人生中被酒精摧毀收場，但他也因為覺得自己讓潘普洛納聞名於世而充滿仇恨。海明威在《危險之夏》（The Dangerous Summer）一書中寫道：「我曾經寫過潘普洛納，並且不間斷地寫下去。除了增加的四萬名遊客外，潘普洛納一直都在。近四十年前，我第一次拜訪那裡時，連二十名遊客都不到。」海明威選擇以悲劇手段結束自己的人生，最終於1961年在聖費爾明鬥牛節前夕自殺。令人毛骨悚然的是：在他的辦公桌抽屜裡找到兩張當年鬥牛節的門票。

酒譜
45 ml（1½盎司）艾碧斯茴香酒
120 ml（¾盎司）氣泡酒
檸檬皮，裝飾用（隨意）

調製方法
把艾碧斯茴香酒倒入冰鎮過的淺碟或笛型香檳杯，接著慢慢倒入氣泡酒。

調酒師訣竅：以細檸檬皮裝飾，或像海明威散文風格那樣不加任何修飾——而且喝酒時請小心謹慎。

DOCTOR
GOTHENBURG, SWEDEN

達克德 哥德堡·瑞典

瑞 典賓治酒（Swedish punsch），是一款固定會在週四晚上與黃豌豆湯共同陳列在餐桌上的傳統熱飲，可比擬為充滿瑞典味的印尼炒飯。事實上，瑞典賓治酒是以濃烈的巴達維亞亞力酒為基酒（參見第129頁），這是一種由糖蜜、紅米和棕櫚酒製成的印尼原始蘭姆酒。在十八世紀初時，瑞典水手在公海上航行的同時，開始嘗試用巴達維亞亞力酒來調製賓治風味；到了1733年，瑞典對於巴達維亞亞力酒的需求量足以讓瑞典東印度公司開始向哥德堡港口進口亞力酒。因此，這款熱騰騰的亞力酒賓治很快地成為瑞典的傳統飲品。

然而，亞力酒賓治的問題出在於沒有那麼容易準備。必須先製作糖油，這是一種把糖溶於柑橘油中製成的糖漿（參見第43頁）、然後榨檸檬汁，添加亞力酒和香料，最後將酒液與熱水或茶混合。如果有一瓶預先把亞力酒、柑橘、糖和香料調製好的瓶裝酒，讓人只需再加點熱水便能調飲，是不是很方便呢？1845年，葡萄酒和烈酒商人尤晃・細亞德倫（Johan Cederlund）開始銷售自己事先調製好的亞力酒賓治基酒。雖然這款賓治基酒要加入熱水來飲用，但瑞典人發現他們更喜歡把它直接當成利口酒啜飲，經常以冷飲和未稀釋直接加入咖啡飲用。到了1850年代，細亞德倫的幾個競爭品牌也在生產中。

這款賓治利口酒在美國也很受歡迎，到了二十世紀初，不同的雞尾酒都會加點賓治利口酒來混調。但是，賓治利口酒卻在1917年退場出局，主要是當時瑞典透過國營酒類販賣局（Systembolaget）壟斷了酒類的銷售市場，因此許多酒類品牌把生產線轉移到芬蘭。隨後禁酒令也開始實施。之後Tiki調酒師（特別是維克商人，參見第79頁）才將瑞典賓治重新列入美國調酒師的寶典。

達克德首次出現在雨果・安司林（Hugo Ensslin）於1916年所寫的《混飲之酒譜》（Recipes for Mixed Drinks）一書中，其調製方法是簡單地把瑞典利口酒和萊姆汁混合。這款結合維克商人改良版的雞尾酒版本，反而口感更加複雜、更令人滿意。

酒譜

45 ml（1½盎司）瑞典賓治酒
22 ml（¾盎司）深色蘭姆酒
7 ml（¼盎司）檸檬汁
7 ml（¼盎司）萊姆汁
7 ml（¼盎司）柳橙汁
檸檬皮，裝飾用

調製方法

在雪克杯中直調所有材料，加入冰塊搖勻至冰涼。雙重過濾後倒入冰鎮過的淺碟香檳杯，最後以檸檬皮裝飾。

EAST INDIA

MUMBAI, INDIA

東印度　孟買，印度

雖然十七世紀的英格蘭是雞尾酒的誕生地，但真正將雞尾酒發揚光大的是十九世紀的美國，這一點在發源國英格蘭的眼中是很新奇的。早期出自世界各地的不列顛人所發明的雞尾酒款並不怎麼出名，但還是有一些非正統的雞尾酒仍流傳至今，例如：新加坡司令（參見第136頁）和勃固俱樂部（參見第104頁）。

但不列顛人並非是唯一在遙遠的大英帝國殖民地調製雞尾酒的人。居住在英格蘭之外的人發明了一些雞尾酒包括新加坡司令（如果這款酒當年是從新加坡的萊佛士酒店流傳出來的說法是值得信賴的話）另外美國調酒師也發明了其他酒款，並經常把這些酒譜分傳到各個大英帝國殖民地所謂的美式酒吧裡，好讓人以為酒譜名副其實出自當地。對於雞尾酒歷史學家大衛‧旺德里奇（David Wondrich）來說，東印度酒譜的「基本可靠性」顯示這款雞尾酒很可能出自當時到處遊歷的某位「明星調酒師」之手。不過，此款調酒的書面文獻無助於揭開發明人的神秘面紗；身為作家兼調酒師的哈利‧強生（Harry Johnson）在1882年的作品中，亦僅僅指出這款雞尾酒是「那些生活在東印度不同地區的英國人的最愛」。

無論是誰先調製的，或者到底在哪裡誕生的，東印度這款調酒是整個大英帝國長久以來的最愛，直到四處旅行的飲料作家查爾斯‧貝克於1932年來到位於現今印度孟買的皇家孟買遊艇俱樂部（Royal Bombay Yacht Club）品嚐了這款調酒。基本上這款以經典白蘭地雞尾酒加上一些異國情調甜味劑的酒譜，在強生和貝克的年代之間並沒有產生太大的變化。當一款飲品調製得那麼好喝時，就沒必要調整酒譜吧？

酒譜

60 ml（2盎司）干邑
5 ml（¼盎司）庫拉索香甜酒
5 ml（¼盎司）鳳梨濃稠糖漿
　（參考下列訣竅說明）
3滴　香味苦精或柑橘苦精
2滴　瑪拉斯奇諾黑櫻桃利口酒
瑪拉斯奇諾黑櫻桃，裝飾用

調製方法

在調酒杯直調所有材料，加入冰塊攪拌至冰涼。濾冰後倒入淺碟香檳杯，最後以瑪拉斯奇諾黑櫻桃裝飾。

調酒師訣竅：鳳梨削皮切丁（約2公分），放入碗器中並加入自製糖漿（糖與水的比例為2:1）。放置過夜，接著過濾果渣後，再倒入殺菌過的瓶器，放入冰箱保存。

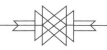

EL MOROCCO

TANGIER, MOROCCO

摩洛哥 丹吉爾，摩洛哥

當查爾斯·貝克在1939年自撰的《紳士的酒伴》（The Gentleman's Companion）一書中介紹到摩洛哥雞尾酒時，他很努力地去釐清其起源。「摩洛哥是來自北非的一款雞尾酒，而不是在紐約所見類似餐廳名字的店內飲品……這款雞尾酒是在1938年地中海郵輪上，從一位親近好友的田野筆記裡獲知的，起源地可追溯至北非的丹吉爾。」以上說明對於與貝克同時代的人來說，其用意是顯而易見的。那便是El Morocco（摩洛哥）不僅僅是飲品之名，也是禁酒令結束後紐約最著名的夜店之名。

就在廢除沃爾斯泰德法案的前兩年，也就是1931年，El Morocco夜總會以紐約地下酒吧的名義開始營運。該夜總會變成必訪熱點是出乎意料的；正如社交作家盧修斯·比比（Lucius Beebe）在1937年El Morocco夜總會出版的《摩洛哥家族紀念冊》（El Morocco Family Album）一書中所說的那樣，「考慮到紐約整個先前社會背景，很難讓人想像在最浮光耀眼的繁華城市裡，一條無名小街上，居然隱藏著一處星光璀璨的地方。」好萊塢明星克拉克·蓋博（Clark Gable）、凱蒂·卡萊爾·哈特（Kitty Carlisle Hart）和卡萊·葛倫（Cary Grant）都是夜總會的常客，連喬治·蓋希文（George Gershwin）和平·克勞斯貝（Bing Crosby）也不例外。隨著這些高知名度的顧客出現於1930年代和1940年代之間最精彩的名流社交圈中，賈桂琳·鮑維爾（Jacqueline Bouvier，後來改名賈桂琳·甘迺迪，然後又改名賈桂琳·歐納西斯）也出現在Elmo's，還有她後來的兩任丈夫也都是常客。

夜總會成功的部分秘訣在於巧妙地發展出三種手段：紅龍、嚴格的預約制度和魅力照片。以致於閱讀報紙社交版的讀者會看到他們最喜歡的名人坐在El Morocco夜總會的藍白色斑馬紋沙發上（不過，當時報紙是以黑白照片呈現）。今日這款北非雞尾酒把非正統的干邑、波特酒和鳳梨汁混調，其口感似乎與那款曾出現在El Morocco夜總會的斑馬紋那樣令人驚喜。

酒譜

30 ml（1盎司）干邑

30 ml（1盎司）鳳梨汁

15 ml（½盎司）波特酒（tawny、ruby或late-bottled vintage的種類）

7 ml（¼盎司）庫拉索香甜酒或白柑橘香甜酒

7 ml（¼盎司）萊姆汁

5 ml（¼盎司）紅石榴糖漿

鳳梨片，裝飾用（隨意）

調製方法

在雪克杯中直調所有材料，加入冰塊搖勻至冰涼。雙重過濾後倒入冰鎮過的淺碟香檳杯。無須裝飾，但想用鳳梨片點綴也行。

斐濟果樹（Feijoa trees）在紐西蘭人的家中後院很常見，每年在短暫的產季裡，當地人都會好好利用這個新鮮水果來製作果醬、餡餅、酸辣醬和莎莎醬等等。狀似芭樂般的斐濟果，其果味類似於鳳梨和香蕉的組合，帶點淡淡薄荷味和難以言喻的陶醉感。唉，縱使斐濟果的味道獨特，卻永遠無法真正成為一種商業作物，原因是果實很容易擦傷，而且只要從樹上掉下來幾天後，很快就會爛掉。

儘管斐濟果是紐西蘭家喻戶曉的水果，但實際上原產地是來自南美洲拉普拉塔地區（Río de la Plata）。由於該植物在二十世紀初成為世界各地流行的觀賞樹，於是1908年順勢被引進紐西蘭。因為紐西蘭的理想氣候條件適宜種植斐濟果，因此斐濟果便成為紐西蘭生活風景的一部分。

斐濟果在紐西蘭的文化地位可能解釋了企業家傑夫・羅斯（Geoff Ross）為何會在威靈頓的自家車庫製作低調42伏特加（42 Below vodka），而且不久之後，其公司便開始研發一款獨特美味的伏特加的理由。但這款酒的味道並非人人都愛；如同42 Below公司在自家網站對斐濟果風味伏特加的評論：「就像梵谷生平那樣，這款風味小美酒尚未獲得應有的認可」。

瀑布高球是用低調42伏特加（斐濟果風味）和Ch'i（一種紐西蘭在地的草本軟性飲料）簡單混調的飲品，並以一片黃瓜作為點綴裝飾。一位來自威靈頓Matterhorn餐廳的調酒師略顯醉意地表示，由於低調42伏特加（斐濟果風味）、Ch'i和黃瓜等三種材料都是綠色的（Ch'i的瓶子是綠色，而伏特加標籤也是綠色），建議這款斐濟果風味的伏特加應該與Ch'i和黃瓜搭配使用，於是這款雞尾酒便這樣誕生了。這款高球雞尾酒效果與水果本身具有相同特殊魅力，並且一直是Matterhorn餐廳中非常受歡迎的飲品，可以說Matterhorn餐廳已是消費低調42伏特加（斐濟果風味）的世界第一名買主。

酒譜
60 ml（2盎司）低調42伏特加
　（斐濟果風味）
120 ml（4盎司）Ch'i
小黃瓜片，裝飾用

調製方法
在可林杯中倒入伏特加後，加入Ch'i和冰塊，最後以長條小黃瓜薄片裝飾。

調酒師訣竅：如果無法找到Ch'i的話，可以用檸檬氣泡水或檸檬萊姆口味的汽水代替。

FISH HOUSE PUNCH

PHILADELPHIA, USA

魚缸賓治
費城，美國

位於費城的State in Schuylkill（如今稱為Schuylkill Fishing Company）聲稱是世界上歷史最悠久的社交俱樂部，其成立於1738年。喬治·華盛頓（George Washington）於1787年曾到此一訪，當時的他正在主持美國制憲會議。幾乎能肯定他被俱樂部招待了一、兩杯新穎獨特的招牌飲品——魚缸賓治。這杯貌似烈飲的賓治，據說導致華盛頓在這趟拜訪之後，讓日記空白了三天。

有關魚缸賓治的早期書面文獻內容都是在稱讚其強烈的酒勁和State in Schuylkill俱樂部會員喝掉的數量。威廉·布雷克（William Black）於1744年憶起當時State in Schuylkill俱樂部為了歡迎他，準備了「一大缸的檸檬賓治酒，大到足以讓六隻幼鵝在酒缸中游泳。」到了1885年，俱樂部的招牌飲品酒譜已廣為人知到出現一首關於其酒勁的打油詩：「有個小聚所就在城外小鎮裡，／如果去到那裡吃頓餐，／和喝上號稱魚缸賓治的飲品，／岳母大人不得不忘記，哎呀呀」。State in Schuylkil俱樂部自認主權自主，據說該俱樂部的成員無視「沃爾斯泰德法案」的通過，並在整個禁酒令期間繼續飲用魚缸賓治。

魚缸賓治的起源可追溯至1795年，也就是華盛頓在那趟號稱Schuylkill宿醉之旅的不久之後。本酒譜則是改編自大衛·旺德里奇的《賓治酒：暢飲不斷的美味（與危險）》（Punch: The Delights〔and Dangers〕and the Flowing Bowl）一書中的酒譜。如今這杯雞尾酒仍像以往一樣既美味又危險。

酒譜

12顆 檸檬
450 g（1磅）糖
700 ml（24盎司）檸檬汁
700 ml（24盎司）深色蘭姆酒
350 ml（12盎司）干邑
350 ml（12盎司）水蜜桃白蘭地
1公升（4杯）的冰水
檸檬片，裝飾用
肉荳蔻粉，裝飾用

調製方法

把12顆檸檬去皮（並把去皮和去掉白膜的檸檬果肉榨汁）用來製作糖油（一種混合糖和檸檬油的東西）。把檸檬皮與糖一起搗爛，直到糖被檸檬油沾濕為止，並放置一小時或更久，接著拿掉檸檬皮。把糖油放進大酒缸中並加入檸檬汁攪拌溶解，然後加入深色蘭姆酒、干邑和水蜜桃白蘭地，再加入冰水稀釋。最後加入大冰塊以保持賓治酒冰涼清爽。每杯調酒撒上肉荳蔻粉，並以檸檬片裝飾。

份量：10 人份

FLAME OF LOVE MARTINI

LOS ANGELES, USA

愛火馬丁尼 洛杉磯，美國

不甜馬丁尼從其始祖馬丁尼茲（參見第84頁）開始，走了很長一段路才在1970年代出現。當時，琴酒退場，伏特加進場。苦艾酒的使用程度曾經對雞尾酒來說如此重要，但如今已經大幅減少，應該説幾乎是一個退化器官的馬丁尼闌尾，更別提苦精了。

當然，每種酒款的變換都是有原因的。伏特加在1940年代後期的美國成為特色烈酒，然而在1960年代出現的伏特加馬丁尼——用搖的，不要攪拌（譯註：007電影中的經典台詞），多虧有了詹姆士龐德的影響，而成為流行文化現象。到了1975年，伏特加已成為美國最受歡迎的烈酒。苦艾酒的衰落可能與禁酒令和第二次世界大戰的破壞影響有關。更糟的是不甜苦艾酒無法與伏特加好好發揮。至於曾經對於馬丁尼來説是不可或缺的柑橘苦精，則在禁酒令結束時已成絕響。

以上的一切意味著，如果你像迪恩・馬丁（Dean Martin）一樣，到1970年代的美國新潮酒吧閒逛，點上一杯馬丁尼，通常會獲得一杯加入大量伏特加和少量其他酒類的馬丁尼。難怪，馬丁在比佛利山莊明星常出沒的Chasen's餐廳裡喝了幾次馬丁尼後，便要求調酒師佩佩・路易斯（Pepe Ruiz）調製創新的口味。佩佩特調的馬丁尼版本，是以攪拌手法調製，並倒入雪莉酒涮過的杯中。這些聽起來似乎沒有什麼特別之處，直到讓人看見整條柳橙裝飾皮捲在杯中燃燒時才是驚奇之處。這道手法讓雞尾酒添加一股焦糖橙油的芳香，是一種還不賴的柑橘苦精替代品，並且能在客人面前上演一場花招秀。這樣也許可以解釋為什麼法蘭克・辛納屈（Frank Sinatra）如此迷戀這一款愛火，並在Chasen's餐廳舉辦自己的慶生會時，幫來賓點了52杯愛火馬丁尼。等你動手調製一杯後，就會十分同情佩佩了。

酒譜

一整顆 柳橙皮
60 ml（2盎司）伏特加
5 ml（¼盎司）雪莉酒
（fino或manzanilla）

調製方法

柳橙以塊狀去皮。在調酒杯中直調伏特加和雪莉酒，加入冰塊攪拌至冰涼。拿出冰鎮的淺碟香檳杯或馬丁尼杯。一手把柳橙皮拿在酒杯上方，一手點燃火柴棒置於柳橙皮和酒杯之間，接著壓擠柳橙皮，噴出皮油射向火焰和酒杯中。接著將調酒杯酒液濾冰倒入酒杯中，再次點火烤最後一片柳橙皮，然後丟入杯中裝飾。

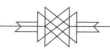

FOUR SEASONS
GATHERING

CHIOS, GREECE

四季皆飲
希俄斯・希臘

如果得要舉例一款具有代表性的希臘烈酒，大多數人會回答烏佐酒（ouzo）。 雖然烏佐酒十分希臘風，但卻不是希臘獨有的。地中海地區周圍也有很多類似茴香味的烈酒，例如：黎凡特arak酒、亞美尼亞oghi酒、土耳其raki酒、義大利sambuca酒、法國pastis酒和西班牙的anís酒等等。要找完全希臘風的烈酒，可以參考這一款乳香酒（mastiha）：這是一種融入了乳香黃連木（Pistacia lentiscus）樹脂的烈酒，而且只能從希臘契歐斯島（Chios）生長的乳香樹（Mastic tree）上採集得到。

乳香樹廣泛生長在地中海，但只有契歐斯島（以及土耳其附近的Çeşme半島）的氣候才能順利收穫樹液。當乳香生產者在樹皮上劃出小切口後，會分泌厚厚的透明樹脂，猶如「淚珠」。這些淚珠最終會滴落到事先已清乾淨並灑上一層石灰的地面，接著等待凝結成塊後，便可隨時拿來使用。希羅多德（Herodotus）在其著作《歷史》（Histories，公元前440年所撰）一書中提到這種傳統特產在地中海地區被納為珍物，不但可用於防腐，也被拿來作為口齒清新劑和潔牙美白劑。從許多方面來看，乳香可以說是口香糖的前身。乳香的價值使契歐斯島成為帝國的掌中物，羅馬人、拜占庭人、熱那亞人和鄂圖曼人各自為利潤豐厚的乳香樹脂交易而征服了契歐斯島。

乳香酒的獨特風味（草本泥香，並帶點新鮮薄荷、茴香和紅蘿蔔的香味）在雞尾酒中成為一種有挑戰性的混搭材料。儘管存在著這種有難度的挑戰，或者也正因為如此，乳香酒已成為雅典活力四射雞尾酒酒吧中，原創雞尾酒的珍貴成分。本酒譜是出自Baba Au Rum酒吧的主人兼經理薩諾斯‧樸拿洛斯（Thanos Prunarus）之手，他把注入薰衣草味的乳香酒與柑橘酸汁攪拌，藉此展現出乳香的新鮮草本味。

酒譜

55 ml（1¾盎司）薰衣草味乳香酒
　（參考下列訣竅說明）
15 ml（½盎司）檸檬汁
15 ml（½盎司）葡萄柚汁
5 ml（¼盎司）瑪拉斯奇諾
　黑櫻桃利口酒
5 ml（¼盎司）香草糖漿
2滴　香味苦精
1滴　薰衣草苦精
葡萄柚皮，裝飾用
薰衣草，裝飾用

調製方法

在雪克杯中直調所有材料，加入冰塊搖勻至冰涼。雙重過濾後倒入冰鎮過的淺碟香檳杯，最後以葡萄柚皮和薰衣草裝飾。

調酒師訣竅： 薰衣草味乳香酒作法，是在350ml（12盎司）乳香酒中注入1茶匙的乾薰衣草，並浸泡20小時。過濾薰衣草後，將酒液倒入殺菌過的瓶器裡。

FRENCH 75

PARIS, FRANCE

法式 75
巴黎‧法國

款號稱法製M1897年式75mm速射炮（French Canon de 75 modèle 1897）在1899年法國國慶日首次亮相時，被稱作先進的堡壘殺手。事實上，過了15年後，也就是在第一次世界大戰進攻時，法軍仍使用這款先進效能極佳的速射炮，每分鐘可以發出30發75mm炮彈，由於是液氣式後座系統，所以不需要在射擊後重新瞄準。鑑於士兵們對飲酒的喜愛，借用法製M1897年式75mm速射炮之名「射出」一杯雞尾酒也不足為奇，就像是這款混調法國卡爾瓦多斯蘋果白蘭地、琴酒、艾碧斯茴香酒和紅石榴糖漿的雞尾酒。至少這款雞尾酒就如同調酒傳奇人物哈利・麥克艾爾宏（Harry MacElhone）於1919年出版的《雞尾酒混搭ABC》（ABC of Mixing Cocktails）一書所提到的：「戰爭期間這款酒在法國十分受歡迎，並以法國輕型火炮之名命名」。就算是一款令人醉醺醺的飲品，也依然美味。不過，今日你若走進一間還不錯的酒吧點一杯法式75，口感必會不同以往。

然而，從麥克艾爾宏的75號雞尾酒演變至今的法式75，其發展過程有點令人費解——添加一點檸檬汁，以香檳和糖取代法國卡爾瓦多斯蘋果白蘭地、苦艾酒和紅石榴糖漿。事實上，雞尾酒歷史學家爭論著麥克艾爾宏的75號是否與1930出版的《美味雞尾酒手札》（Savoy Cocktail Book）一書中的法式75酒譜有關，之後才走入世界各地的酒吧裡。即便如此，正如雞尾酒歷史學家大衛・旺德里奇（David Wondrich）所指出，由於查爾斯・狄更斯（Charles Dickens）在1867年居住芝加哥期間曾用過琴酒、柑橘汁、糖和香檳混調「湯姆琴酒和香檳杯」（Tom Gin and Champagne Cup）來招待客人，因此這款檸檬汁搭配香檳的特調在1930年出現也不足以為奇。

法式75故事的最後一個轉折點來自大衛・恩伯里（David Embury）的著作《調酒的藝術》（The Fine Art of Mixing Drinks），其中酒譜是以干邑來取代琴酒。他指出：「在這款調酒中，琴酒有時取代了干邑，但如此一來，當然就不再被稱作法式了。」雖然以干邑為基酒的法式75至今仍有擁護者，並且也相當美味，但本酒譜是依據麥克艾爾宏的原始酒譜，使用琴酒。

酒譜

60 ml（2盎司）琴酒
15 ml（½盎司）檸檬汁
7 ml（¼盎司）糖漿
60 ml（2盎司）冰鎮香檳
　（或其他不甜氣泡酒）
檸檬皮，裝飾用

調製方法

在雪克杯中直調所有材料（香檳除外），加入冰塊搖勻至冰涼。雙重過濾後倒入可林杯，再加入香檳。加滿新鮮冰塊，最後以檸檬皮裝飾。

FYNBOS
CAPE TOWN, SOUTH AFRICA

凡波斯 開普敦・南非

非洲南端是開普植物區的所在地，是世界上植物多樣性最為豐富的熱點之一。該地區以大量的凡波斯（fynbos，其字面之意是「細灌木」）為主，該詞是適用於原生南非的在地矮灌木叢植物的慣用名稱。這些植物種類中最為人所知的，便是大家可能消費過的南非國寶茶，這是由一種稱作Aspalathus Linearis的植物針葉烘製而成的茶葉。

當荷蘭殖民者於1652年創建開普敦時，他們不僅發現了開普植物區，還發現了野生「葡萄」（專業上來說是Rhoicissus tomentosa原種的近親同屬），這一點也表明了這片土地適合種植葡萄樹。到了1659年，在西開普省的歐洲葡萄（Vitis vinifera）採收旺盛，並成功生產出第一批南非葡萄酒。1685年被驅逐出法國的法國胡格諾教徒（Huguenots）帶來了葡萄種植知識和葡萄酒釀造的經驗，而來自爪哇、馬達加斯加和莫三比克的奴隸則採收葡萄藤。

十七世紀帶動新興南非葡萄酒產業的種族主義於二十世紀垮臺。而旨在打破種族隔離制度的南非國際貿易制裁，加上由於根瘤蚜蟲（參見第127頁）所造成的高產葡萄品種的生產過剩，全部意味著南非也出現葡萄供過於求的棘手問題。為了緩解這個難題，南非政府的釀酒合作社（Koöperatieve Wijnbouwers Vereniging，簡稱KWV）下令把這些大量葡萄蒸餾成廉價的白蘭地。

在種族隔離制度終止之後，南非的白蘭地產業得以復興，如今生產著世界等級的好酒。而這款凡波斯風雞尾酒是改編自約翰尼斯堡調酒師尤金·湯普森（Eugene Thompson）發明的原創雞尾酒，其酒譜是將白蘭地與南非在地國寶茶混調所創出的一款道地的地方特飲。

酒譜

60 ml（2盎司）白蘭地
  （以南非品牌為優選）
30 ml（1盎司）南非國寶茶糖漿
  （參考下列訣竅說明）
15 ml（½盎司）薑汁利口酒
2滴　柑橘苦精
檸檬皮，裝飾用

調製方法

在調酒杯中直調所有材料，加入冰塊攪拌至冰涼。濾冰後倒入冰鎮過的淺碟香檳杯，最後以檸檬皮裝飾。

調酒師訣竅：南非國寶茶糖漿的作法是把蜂蜜加入現泡南非國寶茶（rooibos tea）蜂蜜與茶的比例為1:2。攪拌均勻至蜂蜜融化後，再倒入殺菌過的瓶器，放入冰箱保存。

GIMLET

PLYMOUTH,
ENGLAND

琴蕾 普利茅斯，英國

琴 蕾起源的典型説法大概如下：1867年，蘇格蘭人拉克藍・羅斯（Lauchlan Rose）在1867年「商船法」通過之前，發明一項不用酒精便能保存萊姆汁的專利。該法案規定所有不列顛海軍艦艇都必須備有萊姆汁補給品來抵抗壞血病，羅斯牌萊姆汁則成為海軍的首選。然後，在1879年，一位名叫湯姆士・戴斯蒙・琴蕾（Thomas Desmond Gimlette）的外科醫生建議水手們把每天配給的萊姆汁與大量來自普利茅斯黑修士蒸餾廠的琴酒混合──當然酒精濃度是超標的，因此如果酒液不小心浸濕了船上的火藥，仍可被點燃發射。於是這款琴蕾就這樣誕生了。由於不列顛水手們對這款調酒的熱愛，因而獲得「萊姆軍」（limeys）的綽號。

這個故事聽起來很不錯，但比起破洞的普利茅斯琴酒桶（據説把海軍火藥都滲濕了）來説更是漏洞百出。首先，早在拉克藍・羅斯誕生之前，柑橘類果汁就已經以預防壞血病的功效而聞名。到了1755年，不列顛皇家海軍已經強制要求每天飲用柑橘汁。至於1867年的商船法呢？實際上，這個法案是要求商船隊海軍在飲用的萊姆汁內需含有「百分之十五酒精濃度的像樣可口烈酒」，而羅斯的萊姆汁則是不含酒精。

或許有一點可以肯定的是，這款雞尾酒具有不列顛海軍的背景，並且可能是第一款與普利茅斯琴酒混合的調酒。琴蕾的第一份正統酒譜是出自具有代表性的蘇格蘭調酒師哈利・麥克艾爾宏於1922年改版的《雞尾酒混搭ABC》（ABC of Mixing Cocktails）一書，其中提到琴蕾「是海軍中非常受歡迎的飲品」。該酒譜是混合一半的羅斯牌萊姆汁和一半的普利茅斯琴酒，冰塊隨意。然而，本酒譜傾向美味而非歷史的準確度，因此添加些許萊姆汁以呈現清爽口感。

酒譜
45 ml（1½盎司）海軍強度琴酒
　　（以Plymouth品牌為優選：
　　參考下列訣竅説明）
22 ml（¾盎司）萊姆汁
22 ml（¾盎司）濃縮萊姆汁
　　（參考下列訣竅説明）
萊姆片，裝飾用

調製方法
在雪克杯中直調所有材料，加入冰塊搖勻至冰涼。雙重過濾後倒入淺碟香檳杯，最後以萊姆片裝飾。

調酒師訣竅： 若無法找到優質海軍強度琴酒的話，可用60ml（2盎司）任何品牌的不甜琴酒來代替。羅斯牌濃縮萊姆汁的品質因產地而異，像是美國產地的味道已大不如從前。若找不到優良的濃縮萊姆汁，可以自行找食譜在家製作。

GIN AND TONIC

KOLKATA, INDIA

琴通寧
加爾各答‧印度

敦不甜琴酒曾經比其強大英國所顯示的形象更為聲名狼藉。十七世紀晚期，在不列顛政府對進口烈酒課徵嚴厲關稅，並取消倫敦釀酒公會（London Guild of Distillers）所擁有的壟斷權後，當時具有事業野心的倫敦商人開始生產山寨版的荷蘭琴酒（參見第63頁）。早期倫敦琴酒是以廉價方式生產，經常添加松節油調味以及靠刺鼻難聞的杜松子味道來掩蓋酒的劣質性。這款廣受歡迎的新烈酒很快就與貧窮、疾病和犯罪串連一起。1727年，撰寫《魯賓遜漂流記》（Robinson Crusoe）一書成名的作家丹尼爾・迪福（Daniel Defoe）抱怨說：「蒸餾廠已找到一種稱之為杜松子酒（Geneva）的全新時尚複合水來打開窮人的味覺；因此大眾似乎不像以往那樣重視法國白蘭地，甚至不想喝它。」

1751年琴酒法案（1751 Gin Act）的通過，控制了十八世紀早期過量飲用琴酒的行為，從此琴酒開始踏上一段漫長緩慢的體面之旅。到了1858年，也就是在不列顛皇室掌控不列顛東印度公司在次大陸的財產，而創造英屬印度的期間，琴酒受到了英國商人階級的青睞。當皇家接管東印度公司在加爾各答（舊稱是Calcutta；新稱是Kolkata）總部的行政運作時，商人伊拉思莫斯・龐德（Erasmus Bond）調配出一種「改良式氣泡通寧水」。這是一種能為不列顛殖民者，提供每日所需金雞納樹皮（從含有抗瘧複合物奎寧的秘魯樹上採集）劑量的碳酸藥酒。將氣泡藥酒與一點點的強勁琴酒混合，便是一杯經典的琴通寧。

雖然印度可能是琴通寧的誕生地，而英國是琴通寧的精神歸屬地，但將其發揚光大的卻是西班牙。所謂的Gintonic（西班牙的稱法）在西班牙國家經濟困難時期，已經成為撫慰人心的國民飲品。許多西班牙酒吧提供大量豐富的琴通寧（Gintonics）酒單，每種琴酒都與具有特色的通寧水搭配，並以充滿異國情調的花飾做些適當點綴。

酒譜

60 ml（2盎司）琴酒
120 ml（4盎司）冰的優質通寧水
檸檬角或萊姆角，裝飾用
果皮、迷迭香、杜松果或香料，裝飾用
（隨意）

調製方法

在老式酒杯或西班牙風格的copa de balon酒杯中直調材料，輕加冰塊至滿杯。以傳統的檸檬角或萊姆角裝飾，或撒上新鮮水果或果皮、迷迭香、杜松果或其他香料也行。

GIN BASIL SMASH

HAMBURG, GERMANY

琴酒碎羅勒
漢堡，德國

最近為世界飲酒文化注入一股新活力的精緻調酒運動，可以列出許多創新成就，但說也奇怪，在所有成就之中，卻少了所謂的「現代經典」調酒。對於飲料作家兼調酒師傑佛瑞・摩根泰勒來說，一杯「現代經典」的雞尾酒必須是眾所皆知，而且能夠使用大多數酒吧裡常見的材料和技巧來調製，還要經得起刻意或偶然的調製改良。但是，由於自製苦精和糖漿的氾濫，還有調酒師在原創酒譜添加各種特定品牌烈酒等等，這些因素都導致雞尾酒的競爭與分裂。

慶幸的是極少數當代定義之下的經典雞尾酒仍從起源地流傳至今。知名紐約Pegu Club酒吧的調酒師奧黛麗・桑德斯（Audrey Saunders）創造了不少雞尾酒，有老古巴人（Old Cuban）、伯爵馬丁尼（Earl Grey MarTEAni）和琴琴騾子（Gin-Gin Mule）。已故的迪克・布萊德塞爾（Dick Bradsell）也有其自創經典：濃縮咖啡馬丁尼（Expresso Martini）、荊棘和蜜糖（Bramble and Treacle）。此外，還有山姆・羅素（Sam Ross）的盤尼西林（Penicillin），保羅・哈靈頓（Paul Harrington）的茉莉花（Jasmine）等等，個個也都非常經典。但是對於純屬調製經濟來說，這些飲品中很難有一款能夠擊敗約爾格・梅爾（Jörg Meyer）於2008年在德國漢堡的Le Lion自家酒吧中所創的琴酒碎羅勒（Gin Basil Smash）。

如果只有一位開創性美國調酒師傑瑞・湯瑪斯的徒弟曾想到在琴酒調酒中，添加少量新鮮羅勒的話，琴酒碎羅勒是一款可能在1880年代後任何階段裡被調製而成的雞尾酒。然而，事實卻不然。即便只使用四種材料和幾種基本技巧調製而成的琴酒碎羅勒，其風味卻豐富且多層次，可說是款優雅簡約的大師級雞尾酒款。難怪至今在世界各地的雞尾酒酒單上仍屹立不搖。

酒譜
半顆　檸檬（切成楔型）
10大片　羅勒葉
60 ml（2盎司）琴酒
15 ml（½盎司）糖漿
羅勒葉枝葉，裝飾用

調製方法
在雪克杯中放入檸檬角與羅勒葉搗碎後，倒入剩餘材料，加入冰塊，蓋上杯蓋搖勻至冰涼。雙重過濾後倒入冰鎮過的老式酒杯。加上新鮮冰塊，最後以羅勒葉枝葉裝飾。

調酒師訣竅： 為了呈現最佳口感，請選用更具清淡花香香風味的「New World Gin」。至於每顆檸檬的酸度跟多汁性大不相同，可在搖晃後根據雞尾酒的口感，再適當添加檸檬汁或糖漿。

GREEN SWIZZLE

BRIDGETOWN, BARBADOS

綠色碎冰
布里奇敦・巴貝多

如果你聽過這個故事的話，請阻止我再説下去。話說有個男人和朋友一起走進酒吧，這位名叫比費（Biffy）的友人因對一個女人許下攜手一生的承諾，但同時又對另一個女人懷有愛慕之心，所以正在發愁著。這個名叫伯蒂・伍斯特（Bertie Wooster）的男人點了幾杯調酒以安撫他倆緊繃的神經。這些調酒似乎有種超乎預期的魔力，當比費飲用到第三杯時，他驚呼地説：「如果我結婚並生了一個兒子，就會用『Green Swizzle Wooster』之名登記戶口，以便紀念他父親在生命的某一天裡，在溫布利被拯救了。」

看來綠色碎冰雞尾酒得感謝P.G.伍德豪斯（P.G. Wodehouse）短篇小説《老友比費之醉酒事件》（The Rummy Affair of Old Biffy）的文學不朽性，但不朽性對於這款飲品來説算是利害參半。事實上，綠色碎冰直至最近都還被認為是一款虛構的神秘飲品，並不存在真實世界裡。

由於歷史學作家達西・歐尼爾（Darcy O'Neil）的研究，我們現在知道綠色碎冰確實存在著——而讓這款飲品呈現綠色的原因，是因為添加了類似艾碧斯茴香酒的艾草苦精。根據1890年代後期的資料來源説法，這款飲品的誕生於巴貝多的Bridgetown Club，並由此迅速遍及小安地列斯群島。酒譜本身似乎不可思議地反覆無常：正如雞尾酒歷史學家大衛・旺德里奇（David Wondrich）在《飲！》（Imbibe!）一書中所指出，唯一固定不變的好像只有艾草苦精、烈酒和碎冰。本酒譜是採用旺德里奇對綠色碎冰所做的改版，運用真正道地的巴貝多材料和法勒南糖漿（falerum，是一種以蘭姆酒為基酒加香料的萊姆味利口酒）來調製。

酒譜

45 ml（1½盎司）自選基酒：
　調味白色蘭姆酒、琴酒、
　老湯姆琴酒或荷蘭琴酒
30 ml（1盎司）法勒南糖漿
30 ml（1盎司）萊姆汁
5 ml（¼盎司）艾草苦精
　（參考下列訣竅説明）
60 ml（2盎司）氣泡水（隨意）
安格仕苦精，加味用途（隨意）
薄荷枝葉，裝飾用

調製方法

在可林杯中直調基酒、法勒南糖漿、萊姆汁和艾草苦精。加上細碎冰，用木製攪拌棒或吧匙攪拌，再多加點碎冰。根據喜好，加上氣泡水和苦精。以薄荷枝葉裝飾，附上吸管飲用。

調酒師訣竅：艾草苦精作法是在250ml（8½盎司）高濃度的白色蘭姆酒或海軍強度琴酒裡，加入10g（⅓盎司）乾艾草和一顆量的柑橘薄皮後浸泡三天。過濾殘渣後倒入殺菌過的瓶器。

HANKY PANKY

LONDON, ENGLAND

調情
倫敦，英國

在無乾旱的禁酒令年代期間，曾經牢固地安頓於美國的雞尾酒世界重心，逐漸轉向悶熱潮濕的地區。當時富有的美國人湧向古巴，在那裡他們發現了黛綺莉（參見第30頁）和摩西多（參見第92頁）的啜飲樂趣。其他人則發現自己在離家更遠的國際大都會巴黎（參見第49頁）或西班牙尋找到飲酒樂趣和生命意義（參見第33頁）。雖然這些小酒館都具有其樂趣，但美國許多最有才華的調酒師及他們的客人都湧入了倫敦。當這些調酒師抵達時，他們遇到了著名的Savoy美式酒吧的首席調酒師艾達「柯莉」柯爾曼（Ada 'Coley' Coleman），她也是第一位成名的女調酒師。

在倫敦Claridge飯店的葡萄酒商人指導下，柯爾曼學會了調酒。她的第一款雞尾酒是1899年創作的曼哈頓（參見第80頁）。之後她便從Claridge飯店轉職到全新開幕的Savoy飯店美式酒吧工作，並在很短時間內成為了酒吧首席調酒師。她在Savoy美式酒吧工作超過25年，曾為愛德華時代的社會名流調酒，這些人包括威爾士親王（Prince of Wales）、查理·卓別林（Charlie Chaplin）、馬克·吐溫（Mark Twain）和演員查爾斯·豪特瑞（Charles Hawtrey）等人。

根據柯爾曼的說法，豪特瑞習慣在工作一整天後走進美式酒吧，點上一杯「帶些賓治風格」的雞尾酒。柯爾曼實驗了幾次後，向豪特瑞獻上一杯由琴酒與甜苦艾酒混調的原創雞尾酒，並加入幾滴濃濃的菲奈特布蘭卡藥草酒（參見第29頁）。豪特瑞試喝一下後，馬上一口氣喝光，然後大聲喊道：「天啊！這才叫做真正的調情啊！」

其中一位逃離禁酒令的調酒師哈利·克拉多克於1921年在Savoy美式酒吧找到了一份工作。1925年底，Savoy飯店把美式酒吧關閉翻修，順勢請柯爾曼退休。克拉多克則跑去撰寫了著名的《美味雞尾酒手札》（Savoy Cocktail Book）一書，其中將調情這款雞尾酒歸功於柯爾曼。

酒譜

45 ml（1½盎司）琴酒
45 ml（1½盎司）甜苦艾酒
5 ml（¼盎司）菲奈特布蘭卡藥草酒
柳橙皮，裝飾用

調製方法

在調酒杯中直調所有材料，加入冰塊攪拌至冰涼。濾冰後倒入冰鎮過的淺碟香檳杯，以柳橙皮裝飾。

HOLLAND FIZZ
SCHIEDAM, THE NETHERLANDS
荷蘭費士 斯奇丹，荷蘭

如果雞尾酒的烈酒女王是可口美味、又可以與所有東西搭配的倫敦琴酒（gin），那麼荷蘭琴酒（genever）便是不怎麼慈祥的辛辣母后。即使倫敦琴酒是源自正宗荷蘭琴酒的烈酒，但帶著鮮明、濃郁麥芽麵包香的荷蘭琴酒，其風味卻與當代倫敦不甜琴酒味道不太相似，而相較於風味較淡的「西方新式」風格的琴酒來說更是不同。英國士兵在1568年至1648年的八十年戰爭期間與荷蘭人一起抗戰時，首先發現了杜松子味的麥芽烈酒；作戰前啜飲一、兩杯「荷蘭勇氣」（Dutch courage）可以幫助壯膽。1689年，當荷蘭的奧蘭治王子威廉一世（Dutch William of Orange）推翻不列顛詹姆斯二世（James II）成為英格蘭、蘇格蘭和愛爾蘭之王時，荷蘭琴酒成為一款流行飲品，而倫敦人也很快開始自製山寨版琴酒，並將其命名為倫敦琴酒。

雖然英國飲酒者全心全意地接受了他們自製的倫敦琴酒版本，但新獨立的美國飲酒者更喜歡正宗版。荷蘭琴酒主要產自荷蘭斯奇丹（Schiedam）這個港口鎮，當地至今仍然是琴酒生產中心。在十八世紀早期，雞尾酒裡所加入的琴酒是荷蘭琴酒，而不是今日所知的倫敦不甜琴酒。

到了十九世紀晚期，荷蘭琴酒在雞尾酒世界的主導地位開始緩降，這要歸功於輕盈風格的雞尾酒，其調製方法常以苦艾酒調味，並加入老湯姆（old tom gin）或倫敦不甜琴酒調製。因第一次世界大戰而生的中性穀物釀造烈酒，是一種口味輕盈的年輕荷蘭琴酒（Jonge genever），並從此成為荷蘭的正規琴酒。不過老式荷蘭琴酒（oude genevers和korenwijns），現在也可在世界各地買得到。本酒譜改編自具有代表性的美國調酒師傑瑞·湯瑪斯於1873年改版的《調酒師指南》（Bar-Tender's Guide）一書中的酒譜，以額外蛋清來呈現銀白光澤，是對這種傳統風格的杜松子酒偉大的介紹。

酒譜

60 ml（2盎司）荷蘭琴酒
　（oude genever或korenwijn）
15 ml（½盎司）檸檬汁
7 ml（¼盎司）糖漿
1個 蛋清
60 ml（2盎司）氣泡水
檸檬皮，裝飾用（隨意）
薄荷枝葉，裝飾用（隨意）

調製方法

在雪克杯中倒入所有材料（氣泡水除外），乾搖至蛋清打發成泡沫狀，接著加入冰塊搖勻至冰涼。在可林杯中加入氣泡水，接著慢慢雙重過濾雪克杯的酒液到可林杯中。根據喜好，加入新鮮冰塊。最後，以檸檬皮或薄荷枝葉裝飾。

IRISH COFFEE

FOYNES, IRELAND

愛爾蘭咖啡
福因斯，愛爾蘭

機 場內的酒吧和餐廳幾乎無一例外都很沉悶；但是，1943年的航空界景象跟今日航空界現況是很不同的。那時橫跨大西洋的客運航班是新奇的，當然機票價錢也不在大多數人的預算範圍內。飛船是當時的飛行工具，但由於沒有夠大的地面跑道來容納這種有過境需求的航班，於是位於愛爾蘭西海岸的福因斯（Foynes），在其擁有寧靜港口和連接利默里克（Limerick）及其他地區的鐵路路線等條件下，順勢成為歐洲橫跨大西洋水上飛機航班終點站的天然候選佳地。

在富裕時代，大家對於奢侈品抱有一定的期望。因此在1943年，愛爾蘭政府任命了一位成功的飯店經營者布蘭登・奧雷根（Brendan O'Regan）博士，擔任福因斯飛行艇基地的餐飲審計員。他的廚師喬・謝里登（Joe Sheridan）在同年冬天創造了愛爾蘭咖啡熱飲，讓飛往紐芬蘭島卻在途中折返的水上飛機的乘客享用。此款雞尾酒本質上是一杯熱騰騰的咖啡，裡面加入了一些愛爾蘭威士忌和糖，最後加上一層濃郁的奶油使口感滑潤。經過一些調整後，包括將飲品倒入更有特色的玻璃杯具中，愛爾蘭咖啡已準備好迎接黃金時段。不幸的是，對於福因斯而言，在這款飲品改良完善的不久後，附近的夏儂機場（Shannon airport）成為橫跨大西洋的轉機機場，因此謝里登和愛爾蘭咖啡便很快從那裡消失了。

雖然此款飲品是在福因斯誕生，但卻在舊金山的Buena Vista咖啡館聲名大噪。《舊金山紀事報》（San Francisco Chronicle）的旅遊作家斯坦頓・德拉普蘭（Stanton Delaplane）在1952年於夏儂機場停留期間，首次嘗試了愛爾蘭咖啡。在他返回舊金山後，德拉普蘭說服Buena Vista咖啡館的老闆複製該款飲品，試驗調整後，找到了最合適的風味。Buena Vista咖啡館現在以愛爾蘭咖啡聞名，並且每天製作超過上千杯。

酒譜
45 ml（1½盎司）愛爾蘭威士忌
22 ml（¾盎司）糖漿
120 ml（4盎司）熱滴漏咖啡
打發鮮奶油

調製方法
用熱水把愛爾蘭咖啡杯溫杯後，倒掉熱水。在咖啡杯裡直調所有材料（鮮奶油除外），快速攪拌，最後再將鮮奶油倒入杯中即可。

調酒師訣竅：咖啡要很熱且新鮮，手打鮮奶油到呈現綿密奶泡狀為止。完成飲品的口感喝起來應像健力士黑生啤酒般綿密柔順。

JÄGERITA
WOLFENBÜTTEL, GERMANY

雅各
沃爾芬比特爾，德國

如果你在1984年左右問一下利口酒酒商的顧問，關於美國飲酒文化的下一件大事是什麼，他們不太可能會説野格利口酒（Jägermeister）這款1934年源自德國沃爾芬比特爾的草本利口酒。即使他們曾經聽説過野格利口酒，因其深棕色、糖漿般的藥水、充滿草本苦味，並帶有一絲絲納粹歷史的氣息（納粹高官赫爾曼・戈林〔Hermann Göring〕是忠實愛好者）等特色，似乎也不會被當作成功暢銷的酒款。這款酒需要像西德尼・法蘭克（Sidney Frank）這種行銷天才，使其搖身一變成為世界各地的派對開鏡焦點。

法蘭克於1973年取得野格利口酒的美國銷售進口權，但是真正讓法蘭克看到這款酒的銷售潛力的，其實是來自路易斯安那州立大學巴頓魯治（Baton Rouge）和紐奧爾良（New Orleans）校區的大學生。1985年，在沒有明確理由之下，這些學生對於這款酒有所了解，進而在巴頓魯治「辯護報」（Advocate）一篇報導關於時下流行的吹捧文章引述學生聲稱野格利口酒是安定液且具有催情功效。法蘭克直覺這是個商機，迅速建立一個醒目的「野格」（Jägerettes）團隊，讓他們影印這篇文章分發張貼到該地區的各個酒吧，並匆匆架上八個廣告看板，展示著一個畏縮男子和底下寫著「一切順利」品牌標語的諷刺性廣告。法蘭克迅速發揮這款酒在路易斯安那州的影響力，使之成為派對上的標準飲料。

野格利口酒在狂歡派對中受歡迎的程度對公司的影響是一體兩面；就收入而言，會讓公司受益，但就其觀感而言，卻會讓公司的聲望蒙羞。野格利口酒不是因為作為餐後酒而出名，反而是因為搭配紅牛（Red Bull）混調成飲品而大受矚目，也因此野格利口酒被精緻調酒風的小酒館列入黑名單。然而，雅各（Jagerita）的出現有助於恢復野格利口酒的聲譽。這是一款簡單改編自瑪格麗特（Margarita）（參見第82頁），並由阿根廷調酒大衛・科爾多瓦（David Cordoba）於2008年所創的雞尾酒，而且也在調酒師之間秘密相傳。然而，這款雞尾酒變得聲名大噪的主因，則要歸功於俄勒岡州波特蘭市的調酒師傑佛瑞・摩根泰勒（Jeffrey Morgenthaler）在比賽中以此款調酒榮獲冠軍。

酒譜

45 ml（1½盎司）野格利口酒
22 ml（¾盎司）柑橘香甜酒
　　或白柑橘香甜酒
22 ml（¾盎司）萊姆汁
15 ml（½盎司）糖漿
萊姆片，裝飾用

調製方法

在雪克杯中直調所有材料，加入冰塊搖勻至冰涼。雙重過濾後倒入冰鎮過的淺碟香檳杯，最後在酒液中放上萊姆片裝飾。

JAPANESE SLIPPER

MELBOURNE, AUSTRALIA

日本拖鞋

墨爾本，澳洲

在澳洲之外的地方，日本拖鞋（Japanese Slipper，如果真的有人知道的話）是耐人尋味的，其在1980年代飲料史裡是一款不怎麼受人推崇的飲品。雖然日本拖鞋在發源國受歡迎的程度不如以往，但對許多澳洲飲酒者來說仍抱持許多的想像；對有些人來說，其代表著1980年代和1990年代之間過度放縱的批判象徵；有些人則認為其帶來網路發明前那段澳洲調酒學的天真懷舊時光。

日本拖鞋是1984年由尚-保羅·伯根尼恩（Jean-Paul Bourguignon）在位於墨爾本郊區（North Fitzroy地區）的Mietta餐廳首次調製，後來也出現在世界各地的雞尾酒排行榜上。毫無疑問，其中部分的吸引力在於酒譜好記，主要是三種同等量的材料組成。這款調酒還使用了1980年代早期一款非常時髦的酒：蜜多麗哈密瓜甜酒（midori，是日本蒸餾酒廠三得利生產的螢光綠哈密瓜口味的利口酒）。蜜多麗哈密瓜甜酒於1978在紐約54號工作室（New York City's Studio 54）一場明星雲集的派對上初次發表，這個時間點剛好是在《周末夜狂熱》（Saturday Night Fever）鞏固迪斯可（disco），主宰美國流行文化的後一年，而在迪斯可於1980年代退流行後，蜜多麗哈密瓜甜酒依舊是酒吧的必備酒款之一。事實上，伯根尼恩當時正在Mietta餐廳工作，這是一家於1984年在墨爾本精緻餐廳中迅速崛起的名店，這意味著他的飲品絕對會被同行看到並效仿。

日本拖鞋以令人興奮的糖分和絢麗色彩，迅速成為澳洲休閒飲品中的首選雞尾酒。這個寶座一直到2000年代中期，才被當時強勢的濃縮咖啡馬丁尼（Espresso Martini）所推翻。濃縮咖啡馬丁尼是已故偉大的迪克·布萊德塞爾（Dick Bradsell）發明的倫敦雞尾酒，而最終卻是在熱愛咖啡的墨爾本找到了精神後盾。日本拖鞋現在已成為國際調酒協會（International Bar Association）的代表性雞尾酒款，並且依舊能在澳洲郊區酒吧和俱樂部中找到其蹤影。

酒譜

30 ml（1盎司）蜜多麗哈密瓜甜酒
30 ml（1盎司）君度橙酒
30 ml（1盎司）檸檬汁
瑪拉斯奇諾黑櫻桃，裝飾用

調製方法

在雪克杯中直調所有材料，加入冰塊搖勻至冰涼，雙重過濾後倒入冰鎮過的淺碟香檳杯，最後以瑪拉斯奇諾黑櫻桃裝飾。

調酒師訣竅：日本拖鞋的平衡口感是依靠君度橙酒，而不是白柑橘香甜酒。君度橙酒較不甜，酒精濃度為40％，高過其他多數白柑橘香甜酒的三倍。

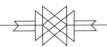

JUNGLE BIRD
KUALA LUMPUR, MALAYSIA
叢林鳥 吉隆坡，馬來西亞

大多數雞尾酒的血統起源都很好辨認，或是被列為飲品大家族的其中一員。還有一種是以陌生少見的烈酒組合，並且以奇怪的混調比例而自成一類的飲品怪咖異類。奇怪的是，這些怪咖口感居然還不錯，而叢林鳥便是其中一款奇怪的飲品。

叢林鳥的起源仍籠罩在神秘面紗之中，但此款雞尾酒似乎是在1978年由一位不知名的調酒師在吉隆坡希爾頓飯店現已停業的Aviary酒吧所創作。如果不是作家兼Tiki熱帶飲料愛好者「海灘流浪人」傑夫・貝里（Jeff 'Beachbum' Berry）在約翰・波伊斯特（John J. Poister）於1989年出版的《新美國調酒師指南》（The New American Bartend-er's Guide）一書中發現該酒譜，這款飲品可能早已在雞尾酒界中湮沒無聞了。貝里在2002年出版的《海灘流浪人貝里的口袋酒譜》（Beach-bum Berry's Intoxica!）一書中收錄叢林鳥的酒譜，於是叢林鳥從此展翅高飛，在經過一些調整後，最終登陸在世界各地的雞尾酒酒單上。

雖然乍看之下深色蘭姆酒、鳳梨汁、萊姆汁、糖漿和金巴利酒（Campari）的組合可能讓人感覺怪怪的，但是啜飲一口後，便能理解調酒師喜愛叢林鳥的原因。叢林鳥在華麗享樂主義的Tiki熱帶飲料和精緻調酒復興的苦甜世界之間形成一座橋樑。深色蘭姆酒使飲品口感變得十分複雜（為了達到最佳效果，使用重糖蜜味的品牌，如：Cruzan Backstrap），而金巴利酒令人振奮的苦味則平衡了口感。叢林鳥依據Tiki標準的極簡主義，只用五種相對常見的材料調製，因此是世界上幾乎任何一家酒吧都可調製，並且也非常適合在家自調的一款飲品。

酒譜

45 ml（1½盎司）深色蘭姆酒
45 ml（1½盎司）鳳梨汁
22 ml（¾盎司）金巴利酒
15 ml（½盎司）萊姆汁
15 ml（½盎司）糖漿
柳橙角，裝飾用（隨意）
鳳梨葉，裝飾用（隨意）
鳳梨角，裝飾用（隨意）

調製方法

在雪克杯中直調所有材料，加入冰塊搖勻後，濾冰倒入老式酒杯。加上一顆大冰塊或許多小冰塊，以柳橙角或鳳梨角裝飾杯緣，或在杯中插上一些鳳梨葉。

調酒師訣竅：這是一杯充滿Tiki熱帶風格的雞尾酒，因此請盡情裝飾點綴。可食用的新鮮花瓣是不錯的裝飾品，還有把柳橙片包住瑪拉斯奇諾黑櫻桃串在一起也不錯。

KIR DIJON, FRANCE

基爾　第戎，法國

如果你想從本書中找出一款容易調製又美味好喝的酒譜——好吧，請把目光留在此頁。基爾（Kir）這款雞尾酒只含兩種材料，並且可在酒杯中直接調製，甚至不需要加入任何冰塊或裝飾物。而且這份精緻散發著高盧人（Gallic）的時髦風尚，讓你彷彿置身於巴黎的咖啡館露台，這點與其他大多數的雞尾酒不同，基爾是與日常生活緊密相連的。也許最重要的一點，便是這款調酒背後有個迷人的故事。

基爾是以肯農．菲利克斯．基爾（Canon Félix Kir）之名命名的，他是一名訓練有素的牧師，在第二次世界大戰中成為法國抵抗運動的英雄，後來發現人生中真正熱衷的是政治。在他六十幾歲時，當納粹德國入侵法國時，他挺身反對與德國合作的維琪政權（Vichy regime）。他幫助五千名法國戰俘逃離隆圍克（Longvic）集中營，兩次被行刑隊判處死刑，但他設法利用自己身為牧師的職位來免於處決。他在1944年9月11日解放當天以英雄姿態歸返第戎（Dijon），於1946年受頒榮譽軍團騎士勳章，之後更擔任第戎市長度過餘生。

身為第戎的市長和經歷兩次戰爭的老將，基爾對法國人稱之為「姐妹城市」（jumelage）的制度十分感興趣，這個制度是將不同國家的城鎮配對，以促進文化的互相理解和避免未來戰爭的作法。在基爾市長的治理下，第戎開始與世界各地的城鎮和城市結盟交流，從1958年的前敵人德國的美因茲市（Mainz）開始，直到最終與其他九個城市結盟。這種低階外交業務經常需要設宴招待，而基爾會款待造訪的賓客享用一杯由白酒加黑醋栗混調的blanc-cassis。這是一款傳統的勃艮地調酒，酒譜是以阿里高特（aligoté）白葡萄釀成的在地白酒（風味平淡）和另一款在地出產的黑醋栗香甜酒調製而成。在戰爭之前，阿里高特並不是勃艮地引以為傲的葡萄園，勃艮地擁有舉世聞名的頂級葡萄園（由pinotanoir和chardonnay葡萄品種釀製）但在戰爭期間，大部分藏在勃艮地酒窖的好酒都被掠奪了。然而，因為基爾的blanc-cassis在1950年代和1960年代風靡全球，因此幫助勃艮地葡萄酒產業從戰爭中復甦過來。所以，這款雞尾酒以他的名字命名也不足以為奇。

酒譜

150 ml（5盎司）冰的不甜白酒
15 ml（½盎司）黑醋栗香甜酒

調製方法

在葡萄酒杯中直調所有材料，稍微攪拌後，無需裝飾即可飲用。

LAST WORD

DETROIT, USA

臨別一語
底特律，美國

臨別一語（Last Word），借用溫斯頓·邱吉爾〔Winston Churchill〕的名言，是「一個神秘的謎中謎」。首先讓我們從酒譜開始吧，準備同量的琴酒、萊姆汁和兩種辛辣的利口酒，綠色夏特勒茲藥草酒和瑪拉斯奇諾黑櫻桃利口酒。大衛·旺德里奇（David Wondrich）在《飲！》（Imbibe!）一書中寫道，「在經典酒譜紀錄中，幾乎很少看見如此大膽混合的調酒，但不知何故這款調酒卻蠻好喝的」。這可能取決於其中兩種利口酒的辛辣度和濃度（分別為55%和38%的酒精濃度），因而彌補了濃度相對低的琴酒，而琴酒和萊姆汁剛好可以將兩種獨特大膽的利口酒風味連接起來。

謎團雖解開，但為什麼這麼精緻可口的飲品卻長期默默無名呢？說起來這款雞尾酒的歷史起源有點糾結。該飲品首先出現在泰德·索西耶（Ted Saucier）於1951年出版的《乾杯》（Bottoms Up）一書中，其中寫道，「這款雞尾酒是大約三十年前由法蘭克·弗格第（Frank Fogarty）在這裡創作的，他在輕歌舞劇界中非常出名。」有讀者透過一些推算得出結論，也就是這款飲品是在1921年發明的，當時正好處於禁酒令時期。也因此大家反覆聲稱這款飲品是法蘭克·弗格第於禁酒令期間在底特律運動俱樂部創造的。但近期發現了一張1916年7月印有該款雞尾酒名稱的酒單，這張書面文獻可追溯到弗格第1916年12月首次訪問底特律運動俱樂部之前，這意味著弗格第僅僅在俱樂部點了這款飲品。考慮到索西耶是紐約人，而《乾杯》是一本令人印象深刻的書，得花費數年時間才能完成，那麼很明顯的一點是：「這裡」指的是紐約，「大約三十年前」應該可以理解成1948年。當然，弗格第值得歌頌的地方不是因為他是雞尾酒創始人的緣故，而是他把這款調酒傳授給Waldorf-Astoria酒吧團隊的關係。

然而，更需予以掌聲的是即便雞尾酒起源仍晦暗不明，但顯然是2000年代初期在Zig Zag Café酒館提供此款雞尾酒的西雅圖調酒師穆雷·史丹森（Murray Stenson），在他的大力推廣之下才讓這款酒流行普及的。而且其很快便成為引領精緻調酒方式的旗手：以烈酒為導向，富有歷史意義和最重要的——道地的美味。

酒譜

22 ml（¾盎司）琴酒

22 ml（¾盎司）綠色夏特勒茲藥草酒

22 ml（¾盎司）瑪拉斯奇諾
　　黑櫻桃利口酒（以Luxardo為優選）

22 ml（¾盎司）萊姆汁

萊姆皮，裝飾用

調製方法

在雪克杯中直調所有材料，加入冰塊搖勻至冰涼。濾冰後倒入冰鎮過的淺碟香檳杯，最後以萊姆皮裝飾。

LLAJUA

LA PAZ, BOLIVIA

辣醬酒　拉巴斯，玻利維亞

玻利維亞以其高海拔而聞名：奧爾托機場（El Alto airport）是世界海拔最高的國際機場，的的喀喀湖（Lake Titicaca）是世界海拔最高的適航湖，拉巴斯（La Paz）是世界海拔最高的首都城市（取決於你如何界定「首都」一詞。而玻利維亞有兩座首都）。在拉巴斯，由於最富裕的街區是位於氧氣較多的低窪處，所以沒有最美的景觀。然而，歸功於玻利維亞的海拔高度，作為被譽為國民烈酒的辛加尼酒（singani）才能具有如此獨特的風味。

辛加尼酒就像皮斯可酸酒（pisco，參見第109頁），是一種未陳化的葡萄蒸餾烈酒，具有純淨的口感。然而，因為玻利維亞的海拔高度而使辛加尼酒略有不同；在高海拔地區乙醇沸點通常較低，這也說明了不需用高溫來蒸餾辛加尼酒，同時可以好好保留更多的葡萄芳香。因辛加尼酒是用芳香出名的亞歷山大麝香葡萄（Muscat of Alexandria）釀製而成，所以產出的烈酒具有葡萄花香的特色。

辛加尼酒獨特的風味：清淡花香和複雜繁複的風味，使其成為雞尾酒的天然搭配材料。辛加尼酒可以輕鬆取代琴酒、皮斯可酸酒、龍舌蘭酒或白色蘭姆酒。此款酒也成為Gustu餐廳各式雞尾酒的基酒，Gustu餐廳是丹麥廚師克勞斯·梅爾（Claus Meyer）在拉巴斯開設的餐廳，主要以玻利維亞獨家配料製成的餐點和飲品為主。辣醬酒（Llajua）是一款濃郁略帶鹹味的雞尾酒，主要採用餐廳製作的llajua（玻利維亞的辛辣莎莎醬）所剩的醬汁來調製。本書收錄的酒譜則以番茄辣椒醋來替代。

酒譜

60 ml（2盎司）辛加尼酒
30 ml（1盎司）番茄和辣椒
　（參考下列訣竅說明）
15 ml（½盎司）萊姆汁
小櫻桃番茄，裝飾用

調製方法

在雪克杯中直調所有材料，加入冰塊搖勻至冰涼。雙重過濾後倒入老式酒杯。加上冰塊，最後以櫻桃番茄裝飾。

調酒師訣竅：番茄辣椒醋作法是把一杯白醋與半條切片的熟香蕉，放到乾淨容器中。在另一個容器裡倒入2杯量的碎番茄、2根細切的玻利維亞locote辣椒（或2根小紅辣椒）、少量切碎的quirquiña（譯註：玻利維亞香菜）或混合香菜、芝麻菜和薄荷，以及1杯白糖。攪拌均勻，並且蓋上蓋子。將糖和醋的混合物置放冰箱過夜浸漬。過濾糖和醋的混合液，並輕壓混合物以取得所有汁液。將兩種汁液混合攪拌後便是番茄辣椒醋，接著倒入殺菌過的瓶器，放入冰箱保存。

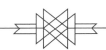

MAI TAI

TAHITI, FRENCH POLYNESIA

邁泰 大溪地・法屬波里尼西亞

沒有想像力的讀者可能已經在擬一封抱怨信給我：「難道你不知道是維克商人（Trader Vic）在加州奧克蘭發明了邁泰的嗎？」嗯，我知道。但是關於邁泰是屬於加州奧克蘭，這一點真具有意義嗎？其實一點意義也沒有。邁泰的誕生是出於對奧克蘭這種平淡之地的一種逃避感。中產階級的美國白人在經歷第二次世界大戰的太平洋戰區之後，他們對於太平洋島嶼文化的異國情調產生了一種懷舊感，儘管他們經常誤解其中的細節。這些中產階級美國白人會前往即將成為代表性的Tiki熱帶風格酒吧（比如：「海灘尋寶者」唐Don the Beachcomber和Trader Vic）去滿足口中對於懷舊味道的渴望。

Tiki巨頭恩尼斯·雷蒙·博蒙特·甘特（Ernest Raymond Beaumont Gantt，又名海濱尋寶者-唐〔Don the Beachcomber〕）和維克多·朱勒·布吉朗（Victor Jules Bergeron, Jr，又名Trader Vic）有著悠久的良性競爭歷史。甘特是首創Tiki熱帶風格酒吧的人，他於1933年在加州好萊塢開了一家Don's Beachcomber Cafe。儘管遭受了美國大蕭條時期的影響，這家酒吧仍受到名人的青睞。不久之後，布吉朗在加州奧克蘭開設了一家以愛斯基摩為主題的Hinky Dinks酒吧。他四處覓尋創新的靈感，於是找到了甘特的酒吧，還複製了Tiki熱帶風格的概念。於是Trader Vic酒吧成為二戰後期最成功的Tiki熱帶風格連鎖酒吧。

甘特聲稱自己在1933年發明了邁泰，而介於邁泰和甘特自研的另一款Q.B.酷樂，這兩款雞尾酒之間肯定有些相似之處。不過，風靡全球的邁泰版本，無疑是布吉朗聲稱於1944年在Trader Vic酒吧首創的飲品，其酒譜是以蘭姆酒、萊姆汁、冰糖糖漿、庫拉索香甜酒（Curaçao，又名柑橘香甜酒）和一種名為orgeat的杏仁糖漿混調。

本酒譜是根據布吉朗的酒譜調製（以傑夫·貝里（Jeff Berry）的酒譜作些調整，用兩種蘭姆酒混合取代原本的Wray蘭姆酒和Nephew 17蘭姆酒），由此可知為什麼第一個酒客凱莉·吉爾（Carrie Guild）喝到這杯酒時，會驚呼「Mai-ta'i roa ae!」（大意是：此物真非世間所有！）。

酒譜

30 ml（1盎司）牙買加深色蘭姆酒
30 ml（1盎司）陳年馬丁尼克島
　　法式農業蘭姆酒
30 ml（1盎司）萊姆汁
15 ml（½盎司）柑橘香甜酒
15 ml（½盎司）orgeat 杏仁糖漿
7 ml（¼盎司）糖漿
薄荷枝葉，裝飾用
可食用花瓣，裝飾用

調製方法

在雪克杯中倒入所有材料，加入冰塊搖勻至冰涼。濾冰後倒入老式酒杯，在杯口加滿碎冰。最後以薄荷枝葉和可食用花瓣裝飾。

MANHATTAN
NEW YORK CITY, USA
曼哈頓
紐約，美國

你 可能聽說過溫斯頓・邱吉爾（Winston Churchill）的母親珍妮・杰洛姆（Jennie Jerome）為了慶祝撒米爾・提爾登（Samuel Tilden）當選紐約州長而發明曼哈頓（Manhattan）的說法，但關於這個故事，還是忘了吧。事實證明是，傳聞中那段提到杰洛姆本人正在大蘋果（譯註：紐約）將黑麥和苦艾酒混調的時間，其實剛好是她回到牛津郡家鄉，生下了未來的英國首相和戰時英雄的時候。可惜真相聽起來更為平淡無奇：我們並不確定是誰發明了曼哈頓。大衛・旺德里奇（David Wondrich）在《飲！》（Imbibe!）一書中列出了兩位可能的發明候選人：一位是自營Manhattan Inn沙龍酒吧的喬治・布萊克（George Black），或某位在Manhattan Club的「匿名天才」。無論如何，曼哈頓都應該在1860年代末或1870年代初出現；到了1880年代，曼哈頓已成為城市名酒了。

不難看出為什麼曼哈頓很受歡迎：在威士忌雞尾酒（其前身為眾所皆知的老式經典雞尾酒）中添加苦艾酒，無論是誰發明的，其精緻口感是創新的。這款新飲品的酒勁不再相同，並且能夠在酒勁較烈和較弱（例如：苦艾酒雞尾酒，基本上是冰鎮苦艾酒加少許苦精）的雞尾酒之間做出區分。曼哈頓開啟了雞尾酒的全新概念，不再是用苦精和糖或一匙酒，稍微改良以烈酒為基酒的調飲，雞尾酒可以變得更加時尚和溫文儒雅。苦艾酒在1880年代首次推出後，便很快地成為「調酒師的番茄醬」，而且幾乎在每一種新酒譜中都能找到其蹤影。

目前曼哈頓的標準酒譜是以曼哈頓區號212來幫助記憶：2盎司的波本威士忌，1盎司甜苦艾酒，2盎司安格仕苦精。早期酒譜遵循普遍趨勢作法，加入苦艾酒，並且顛倒苦艾酒與威士忌的比例；他們也不知道要使用什麼樣的苦精，於是用裸麥威士忌取代。本酒譜以使用裸麥威士忌來摒除傳統，並且以一半威士忌和一半苦艾酒來區分過往與現在之間的差異。

酒譜

45 ml（1½盎司）裸麥威士忌
45 ml（1½盎司）甜苦艾酒
1滴　柑橘苦精
1滴　香味苦精
瑪拉斯奇諾黑櫻桃，裝飾用（隨意）
柳橙皮，裝飾用（隨意）

調製方法

在調酒杯中直調所有材料，加入冰塊攪拌至冰涼。濾冰後倒入冰鎮過的淺碟香檳杯，以竹籤串上瑪拉斯奇諾黑櫻桃或柳橙皮裝飾。

有關瑪格麗特的發源地，不同人有不同答案。有人認為是1938年卡洛斯「丹尼」何瑞拉（Carlos 'Danny' Herrera）在Rancho la Gloria餐廳發明的，也有人認為是1941年由唐‧卡洛斯（Don Carlos）在Hussong's Cantina餐廳創造，也有人說是1942年由弗朗西斯科「阪喬」莫拉雷斯（Francisco 'Pancho' Morales）在Tommy's Place餐廳發明等等。眾說紛紜中，唯一可以漠視的起源是關於瑪格麗塔「瑪格麗特」薩姆斯（Margaret 'Margarita' Sames）於1948年在亞卡普魯克（Acapulco）舉辦的晚宴上發明飲品的故事，這個故事不真實的理由純粹是因為當時引進金快活龍舌蘭酒（José Cuervo）的美國進口商，早在三年前就用瑪格麗特雞尾酒來宣傳自家酒款了。

關於瑪格麗特來源的真相可能更乏味，其實沒有人真正「發明」這款雞尾酒，因為瑪格麗特只是簡單重複了禁酒令前的經典飲品，黛西（Daisy）。1870年代出現的黛西，是一款帶有酸味、無蛋清，與一點點碳酸水混合的飲品。不久之後，便加入像庫拉索香甜酒、白柑橘香甜酒和黃色夏特勒茲藥草酒等香甜酒來使口感更加香甜。最早期的黛西是採用雙柑橘口味的香甜酒，並且以威士忌或白蘭地取代龍舌蘭酒，在這般混搭之下可以調配出類似當代瑪格麗特的風味。其實以上理論的關鍵很簡單，瑪格麗特（margherita）一詞的西班牙文之意就是黛西（Daisy）。

以龍舌蘭酒為基酒的黛西是墨西哥的特色雞尾酒，直到1950年代，才開始吸引美國主流的關注。到了1970年代初，第一台霜凍瑪格麗特機於1971年在達拉斯（Dallas）誕生，滿足了大眾需求，並成為一種文化現象。由於1970年代很難買到優質的龍舌蘭酒，這一點可能導致飲品退化（有人喝過混合草莓的瑪格麗特嗎？），但是，由於龍舌蘭酒大使兼專家朱力歐‧伯密奧（Julio Bermejo）的極力推廣，如今高品質、百分之百龍舌蘭草釀造的龍舌蘭得以盛產，這也意味著，現在是重新發現這款最受歡迎也是最受爭議的龍舌蘭酒飲品樂趣的最佳時機。

酒譜
萊姆角和鹽巴（用來沾濕杯緣）
45 ml（1½盎司）龍舌蘭酒
30 ml（1盎司）柑橘香甜酒
　或白柑橘香甜酒
15 ml（½盎司）萊姆汁
萊姆角或萊姆片，裝飾用

調製方法
以萊姆角在老式酒杯或淺碟香檳杯的杯緣沾濕後再沾滿鹽巴，放置一旁晾乾，再把酒杯放入冰箱冷凍室冰鎮。在雪克杯中直調材料，加入冰塊搖勻至冰涼。雙重過濾後倒入冰鎮過的酒杯裡（用老式酒杯的話，在杯中加滿新鮮冰塊），最後以萊姆角或萊姆片裝飾。

MARTINEZ

SAN FRANCISCO, USA

馬丁尼茲
舊金山，美國

故事是這樣開始的：一位從舊金山出發到採礦小鎮馬丁尼茲的金礦工，他在這一段漫長寒冷的旅程途中，走進這家Occidental飯店想點一杯暖胃的飲料喝。他站在吧檯旁，除了調酒師傑瑞·湯瑪斯（Jerry Thomas，在他於1862年出版的《調酒師指南》（Bar-Tender's Guide）中自稱「酒吧界奧林帕斯山的朱比特」）之外就沒有其他人了。就在礦工表明自己想點一杯暖飲的來意後，湯瑪斯調製了一杯原創雞尾酒給礦工，並以他的目的地命名。因此，現代馬丁尼前身的馬丁尼茲就此誕生了。

這個故事很不錯，但卻有一個小小的問題，沒有人知道這個故事是否真實。有些事實是可信的：湯瑪斯確實在1860年代出版了《調酒師指南》之後在Occidental飯店擔任調酒師，而最早出現的馬丁尼茲酒譜也是在1887年再版的《調酒師指南》中找到，但遺憾的是當時湯瑪斯已經逝世兩年了。而且，湯瑪斯有個壞習慣，便是喜歡霸佔並宣稱有些飲品起源是出自他手，但事實卻與他完全無關。例如一款名為湯姆與傑瑞（Tom and Jerry）的雞尾酒，儘管在湯瑪斯出生前早已存在多年，但他仍堅稱該款調酒乃出自他之手。也許某人擁有一套客製的銀製調酒器具，並且還擁有兩隻名叫湯姆和傑瑞的小老鼠，在他調酒時都會趴在他的肩膀上，故事聽到這裡應該沒有人會感到驚訝吧，況且以上種種描述，或許也有責任再多講一、兩個故事。然而，對於純正的馬丁尼茲居民來說，他們是堅持這款飲品的發源地是馬丁尼茲鎮，而不是舊金山。

關於那些加入宣告馬丁尼茲所有權的人，就不用跟他們計較了。隨著一些變動篡改，例如：以老湯姆琴酒取代不甜琴酒；用法國苦艾酒取代義大利苦艾酒；用柑橘苦精來取代香味苦精；捨棄瑪拉斯奇諾黑櫻桃利口酒，改變比例等等，可以調製一杯看起來非常類似後來的不甜馬丁尼，接著這杯飲品繼續成為後禁酒令時期雞尾酒世界中的代表性飲品。而正如眾人所說的，這又是另一個故事了。

酒譜

60 ml（2盎司）甜苦艾酒
30 ml（1盎司）老湯姆琴酒
5 ml（¼盎司）瑪拉斯奇諾
　黑櫻桃利口酒
1滴　香味苦精
檸檬皮，裝飾用

調製方法

在調酒杯中直調所有材料，加入冰塊攪拌至冰涼。濾冰後倒入冰鎮過的淺碟香檳杯，最後以檸檬皮裝飾。

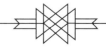

當 精緻調酒運動在千禧年之際真正開始時，一種新酒吧風格也不斷湧現。這些酒吧不僅僅是一處可以啜飲精調飲料的簡單社交聚所，同時也是各種調製方法和招待方式的外交大使館，這些酒吧的存在總是改變了當地觀光業的運作方式。以澳洲布里斯本來說，Bowery酒吧便是個好例子，而讓Bowery酒吧成功的幕後推手，便是這一款來自酒吧原創的梅夏雞尾酒（Mesha）。

Bowery酒吧於2003年正式開業，靈感來自於酒吧老闆史蒂芬妮‧坎費爾（Stephanie Canfell）在紐約體驗各種美式酒吧的心得，像是社區小酒吧、當地酒吧，以及如Waldorf Astoria和Plaza等的飯店酒吧。而由此啟發而生的布里斯本酒吧，是一處讓人可以啜飲完美精緻的經典雞尾酒之地，同時也是周五和周六晚上人潮擁擠的夜店場所。

Bowery酒吧委託住在倫敦的調酒師貝瑞‧查爾默斯（Barry Chalmers）發想創作這款梅夏，而查爾默斯本人也很想搬到澳洲來體驗不同的風景。查爾默斯在抵達布里斯本之前先把酒譜交了出去，而自此他發現這款飲品已成為Bowery酒吧雞尾酒星光榜單的第二名。這也難怪，混有滋布洛卡野牛草基酒（Żubrówka，參見第161頁）的飲品會吸引那些曾在1990年代末體驗過伏特加熱潮的飲酒者。而鳳梨汁和法勒南糖漿（falernum）更賦予這款飲品一絲Tiki熱帶風格，正好與布里斯本濕潤的亞熱帶氣候速配。另外，粉紅色（因為覆盆子果泥的關係）的迷人酒液加上杯緣的肉桂糖粉，也為這款飲品增色不少。

如今布里斯本的雞尾酒圈子更為精緻，但是梅夏才是讓布里斯本成為打造精緻調酒之地的雞尾酒。

酒譜

萊姆角和肉桂糖粉（用來沾濕杯緣）

40 ml（1¼盎司）滋布洛卡
　野牛草伏特加

20 ml（¾盎司）蘋果香甜酒

20 ml（¾盎司）鳳梨汁

15 ml（½盎司）法勒南糖漿

15 ml（½盎司）萊姆汁

5 ml（¼盎司）覆盆子果泥
　（或3至4顆覆盆子搗碎）

蘋果片，裝飾用

調製方法

以萊姆角在淺碟香檳杯的杯緣沾濕後，再沾滿肉桂糖粉，放置一旁晾乾，再把酒杯放入冰箱冷凍室冰鎮。在雪克杯中直調所有材料，加入冰塊搖勻至冰涼。雙重過濾後倒入冰鎮好的淺碟香檳杯，最後以蘋果薄片裝飾。

METAMORPHOSIS

KARLOVY VARY, CZECH REPUBLIC

變形記 卡洛維瓦利，捷克

當格里高爾‧薩姆沙（Gregor Samsa）醒來發現自己變成捷克作家法蘭茲‧卡夫卡（Franz Kafka）筆下的短篇小說《變形記》（The Metamorphosis）一角時，「薩姆沙變成了什麼」就成了開放式問題。薩姆沙變成了一隻龐大的Ungeziefer（害蟲），但說英語的讀者習慣把薩姆沙視為一種蟲子，特別是一隻巨型的蟑螂。因此，這款以卡夫卡故事命名，並以捷克貝赫洛夫卡苦精（Becherovka）為特色的雞尾酒，具有陰鬱毫無吸引力的棕色蟑螂色調。不過，還是請你克服可能對貝赫洛夫卡苦精產生的任何厭惡感，因為變形記算是最能夠把這款捷克共和國的優質酒款襯托得宜的雞尾酒。

貝赫洛夫卡苦精來自捷克溫泉小鎮卡洛維瓦利，在此之前小鎮的德語舊稱為卡爾斯巴德（Carlsbad）。卡洛維瓦利的12處溫泉和溫泉區出產的礦泉水，吸引不少中歐各地前來療養的遊客。1805年，德國伯爵Maximilian von Plettenberg-Wittem zu Mietingen帶著英籍私人醫生克里斯丁‧福伯格（Christian Frobrig）前來卡洛維瓦利，入住當地藥劑師約瑟夫‧貝赫爾（Josef Becher）的家。福伯格把自己的醫療用苦精配方給了貝赫爾，接著貝赫爾再調整配方。起初被稱為貝赫爾的卡爾斯巴德英式苦精（Karlsb der Englisch-Bitter）的貝赫洛夫卡苦精於1807年開始量產。約瑟夫之子約翰把貝赫洛夫卡苦精變成今日苦精的巨頭；他建立了首家貝赫洛夫卡苦精生產工廠，並觀察到苦精越來越受到捷克飲用者歡迎。憑藉肉桂、丁香、生薑和薄荷醇綜合後的複雜香味，口感依然美味，難怪捷克飲用者會選擇貝赫洛夫卡苦精。

鑑於上述原因，回溯到雞尾酒的發展階段，發現並沒有貝赫洛夫卡苦精被拿來使用於雞尾酒的大量文獻紀錄，這點令人費解。貝赫洛夫卡苦精大多是拿來單飲品嚐，或是加入混有通寧水的簡單高球雞尾酒（此款調酒稱：Beton，貝通）。但是，波士頓的Eastern Standard酒吧的調酒師傑克森‧坎農（Jackson Cannon）調製的這款雞尾酒，即興接續了禁酒時期的經典款蜂之膝（Bee's Knees），為貝赫洛夫卡苦精創造優雅的登場介紹。Nazdraví（乾杯）！

酒譜

45 ml（1½盎司）貝赫洛夫卡苦精
22 ml（¾盎司）蜂蜜糖漿
　（參考下列訣竅說明）
22 ml（¾盎司）檸檬汁
檸檬皮，裝飾用

調製方法

在雪克杯中直調所有材料，加入冰塊搖勻至冰涼。雙重過濾後倒入冰鎮過的淺碟香檳杯，以檸檬皮裝飾。

調酒師訣竅：蜂蜜糖漿作法是把蜂蜜和熱水以同等分量（依體積）混合，攪拌至完全溶解為止。最後把蜂蜜糖漿倒入殺菌過的瓶器裡，放入冰箱保存。

MINT JULEP

LOUISVILLE, KENTUCKY

薄荷朱利普

路易斯維爾，肯塔基州

每當談到雞尾酒時，肯塔基州的路易斯維爾肯定是會展開較量。路易斯維爾是禁酒令前的經典之作潘登尼斯俱樂部（Pendennis Club）的誕生地，並且其也激昂的宣稱（如果歷史觀點受到質疑的話）老式經典也出於此地。但奇怪的是，最常與路易斯維爾聯想在一起的薄荷朱利普卻不是來自當地原創的雞尾酒；薄荷朱利普（Mint Julep）是在1938年被選為肯塔基州德比賽馬節（Kentucky Derby）的代表性雞尾酒。真的是托賽馬的福氣，薄荷朱利普才能完整流傳至今。

正如大衛·旺德里奇（David Wondrich）在所撰的《飲！》（Imbibe!）一書中所論證般，朱利普（julep）這個名字有點好笑。該詞是源自波斯語gulāb，起初引進英語是作為醫學（medicine）的同義詞。美國殖民者把朱利普視為晨酒稱之為「julep」，就像有些人把治宿醉的可口可樂稱之為「黑人醫生」一樣。但到了1793年，朱利普開始被引用來指稱一種特定飲料：烈酒、水和糖的混調飲品，加上薄荷讓飲品更具有多層次的口感。當美國製冰業在十九世紀初擴張時（參見第133頁），薄荷朱利普達到了最極致的品質，加上碎冰的薄荷朱利普成了肯塔基州炎熱夏日裡的清爽要素。

當今的薄荷朱利普與過去在肯塔基州德比賽馬節上的朱利普相去甚遠。以前往往不用白蘭地，而是使用波本威士忌，而且經常摻雜一點今日常見的各式酒材，例如：波特酒或牙買加蘭姆酒。根據當今標準來説，以前的薄荷朱利普的裝飾物是很華麗的，不僅使用了薄荷，還有新鮮莓果和檸檬片，再撒上一層細糖粉。本書所收錄的酒譜則區分出十九世紀時的朱利普，和當今廣受大家喜愛的朱利普之間的差異。

酒譜

5至6片　薄荷葉
15 ml（½盎司）糖漿
60 ml（2盎司）波本威士忌
15 ml（½盎司）深色蘭姆酒
3支　薄荷枝葉，裝飾用
新鮮莓果，裝飾用（隨意）
檸檬片，裝飾用（隨意）

調製方法

在朱利普鋼杯（或老式酒杯）中放入薄荷葉和糖漿輕輕搗碎，倒入威士忌並將碎冰加至滿杯，攪拌至鋼杯表面結霜，再多加點碎冰，利用吧匙背面把蘭姆酒淋在酒液上。以3支薄荷枝葉（輕壓一下）和當季莓果或檸檬片（如果喜歡的話）裝飾。

MOJITO

HAVANA, CUBA

摩西多　　哈瓦那・古巴

英 國法蘭西斯‧德雷克爵士（Sir Francis Drake）是個令人心生畏懼的私掠者（又稱為海盜），但據說這款德雷克幫忙激發靈感調製而成的摩西多，算是沒那麼令人害怕，同時這也是一款讓調酒師又愛又恨的雞尾酒。摩西多是一款由龍之飲（El Draque）一脈相傳的飲品（參見第21頁），其酒譜是混合一點加勒比海的卡莎薩甘蔗酒（cachaca）、萊姆汁和薄荷。據說龍之飲是在十六世紀發明，當時主要用來解決德雷克的腹痛問題；然而，近來調酒師討厭摩西多的原因是跟1990年代末和2000年代初的放肆行為有關，而不是危害加勒比海域的英國海盜。

龍之飲雞尾酒最終變得跟出現在古巴作家德帕爾馬（Ramón De Palma）於1838年撰寫的短篇故事《哈瓦那的霍亂》（El Cóleraen La Habana）裡的那款小龍酒（El Draquecito）般不那麼可怕。德帕爾馬筆下的小龍酒是加入甘蔗蒸餾烈酒（aguardiente de caña）調製而成。但隨後一款新型和口感輕盈的百加得蘭姆酒（Bacardí）出現了，這是一款利用過濾方式來提升純度，並使用特殊酵母菌株來釀造的酒。因此，用百加得蘭姆酒搭配蘇打水，並添加些許冰塊來調配一杯小龍酒，這款酒肯定配得上新名字。在西非，mojo意指一個裝滿魔術師道具的布袋，那為何不把這杯酒命名為「Mojito」或little spell（小咒語）呢？

摩西多在1910年代初在一家名為La Concha的酒吧裡首次登場，後來成為了哈瓦那的首選飲品，從那時起，摩西多便一直保持寶座地位。正如飲料歷史學家瑋恩‧柯蒂斯（Wayne Curtis）所說的那樣，「如果你走進任一家哈瓦那老酒吧，僅僅比出兩根手指，可能調酒師遞上的會是兩杯摩西多。」

儘管哈瓦那對這款飲品充滿熱愛，但直到二十世紀末時，摩西多成為兄弟會流行的解渴飲品後，才成為美國和世界其他國家的熱門話題。由於這個令人遺憾的聯想，以及摩西多調製耗時的關係，使得摩西多成為現代調酒師最不喜歡的調酒之一。為了省去在酒吧乾等的麻煩，請直接在家動手調製吧。

酒譜

6至8片　薄荷葉
22 ml（¾盎司）糖漿
60 ml（2盎司）白色蘭姆酒
30 ml（1盎司）萊姆汁
60 ml（2盎司）氣泡水
薄荷枝葉，裝飾用

調製方法

在可林杯中放入薄荷葉和糖漿輕輕搗碎，加入蘭姆酒和萊姆汁。加入碎冰攪拌均勻。倒入氣泡水，如果需要的話，再多加點碎冰，以輕壓過的薄荷枝葉裝飾，用吸管慢慢飲用。

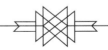

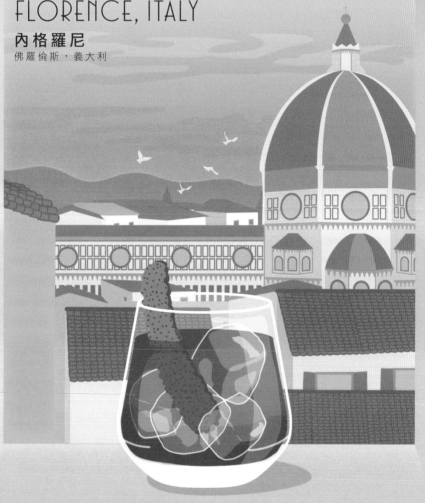

卡米洛‧內格羅尼伯爵（Count Camillo Negroni）是壞男人中的佼佼者：他是著名賭徒、擊劍老師和前競技牛仔高手。根據傳說，在1919年某天，他散步到佛羅倫斯一家名為Caffè Casoni的酒吧，要求調酒師佛斯科‧斯卡斯利（Fosco Scarselli）在美國佬（Americanon）雞尾酒中以琴酒代替蘇打水來強化酒勁。因此這款著名的內格羅尼（Negroni）便誕生了。這個故事實在是太棒了，這就是為什麼眾多調酒師和雞尾酒歷史學家，要把這位非凡的伯爵當作金巴利行銷團隊的虛構人物。

但縱使很多雞尾酒的起源故事都是半真半假，充滿假設和猜測，但由於飲料歷史學家大衛‧旺德里奇（David Wondrich）和格瑞‧雷根（Gary Regan）的辛苦採訪調查，讓我們知道佛羅倫斯真的有位名叫卡米洛‧內格羅尼的伯爵，他確實曾經在美國度過了一段牛仔競技時光，還確實要求過調酒師佛斯科‧斯卡斯利微調飲品，而且以他名字命名的飲品仍流傳至今。儘管另一位也叫內格羅尼將軍（Pascal Olivier Count de Negroni）的後代聲稱內格羅尼將軍才是飲品創始人，但目前看來卡米洛伯爵的情況似乎可信度較高。

儘管內格羅尼起源的故事很吸睛，但它卻是一款大器晚成的飲品。內格羅尼是在1929年以坎帕里內特雞尾酒（Camparinete Cocktail）之名首次出現在書面文獻上，除了詹姆士龐德手上那杯客串酒之外，其在誕生地以外的地方仍不太被重視，直到2000年代的精緻調酒熱潮開始才有了改變。但不是瞬間面目一新，而是逐漸地從C咖等級的歷史奇酒晉級到與馬丁尼、曼哈頓和老式經典平起平坐的A咖等級經典調酒。

有些人將這款飲品加入冰塊攪拌，然後過濾後倒入冰鎮過的淺碟香檳杯；而有些人則是倒入高腳杯中，並加入一些蘇打水直接飲用。即便兩款調法效果都不錯，但本書所收錄的酒譜忠於傳統義大利式的內格羅尼，是加入冰塊和採用三份等量的烈酒調製而成的。

酒譜

30 ml（1盎司）琴酒
（參考下列訣竅説明）
30 ml（1盎司）甜苦艾酒
30 ml（1盎司）金巴利酒
柳橙皮捲，裝飾用

調製方法

在調酒杯中直調所有材料，加入冰塊攪拌至冰涼。濾冰後倒入老式酒杯並加上新鮮冰塊，以柳橙皮捲裝飾。

調酒師訣竅：本酒譜最好使用經典倫敦不甜琴酒和正統的甜苦艾酒調配，會達到最佳的效果；就把特級酒款留給其他更適合的飲品來調製吧。

NEGRONI SBAGLIATO

MILAN, ITALY

誤調的內格羅尼

米蘭・義大利

每位優秀的調酒師都知道mise en place（一切就緒之意）的重要性，也就是說，所有東西都該各就各位。當酒吧人滿為患時，忙亂中的你會發現擁有肌肉記憶與吧台後面瓶瓶罐罐的正確歸位很重要。因此，如果有人把東西放錯地方，像是把普羅賽克氣泡酒（prosecco）錯放到擺放琴酒的位置，然後假設客人點了一杯內格羅尼（Negorni，參見第94頁），好吧，這杯調酒想必會成為一場災難，對吧？

不過，對於雞尾酒飲用者來說，一個出錯反而會成為一種意外新發現。1970年代初的某個繁忙夜晚裡，當調酒師米爾科・斯托克托（Mirko Stochetto）在米蘭的Basso酒吧調製一杯內格羅尼時，意外地拿了普羅賽克氣泡酒而非琴酒，結果將錯就錯地打造出一杯更好喝的飲品。這款誤調的內格羅尼（Negroni Sbagliato在義大利語中的意思是「失誤的內格羅尼」或「出錯的內格羅尼」）可充當各種開胃雞尾酒之間缺少的一環。誤調的內格羅尼可以算是口感較輕盈綿密的內格羅尼版本，或者可說是以甜苦艾酒取代氣泡水調製而成、且口感更加扎實的金巴利氣泡調酒。無論從什麼角度來看，這一場美麗錯誤就一款容易上手，且相當美味的雞尾酒。

更令人驚喜的是，這一款誤調的內格羅尼恰好在米蘭誕生，這裡不僅是金巴利酒的第一發源產地，也是米蘭-杜林（Milano-Torino）雞尾酒的誕生地；其調法是簡單混合一半的金巴利酒（米蘭）和一半的甜苦艾酒（杜林）。米蘭-杜林催生了美國佬（Americano，完全就是一杯米蘭-杜林加氣泡水的飲品），而美國佬則催生了內格羅尼（這是粗獷的卡米洛・內格羅尼伯爵要求在調製美國佬時用琴酒代替氣泡水之下創造而來的飲品）。因此毫無疑問的，誤調的內格羅尼在義大利開胃酒飲品的市場找到一席之地。而現在唯一仍然存在的謎團是，為什麼這個意外發現需要花這麼久的時間才發生。

酒譜

30 ml（1盎司）金巴利酒
30 ml（1盎司）甜苦艾酒
90 ml（3盎司）普羅賽克氣泡酒
　（參考下列訣竅說明）
柳橙片，裝飾用

調製方法

在老式酒杯中直調金巴利酒和甜苦艾酒後，倒入普羅賽克氣泡酒，輕輕加入冰塊（這樣才不會發出滋滋聲），以柳橙片裝飾。

調酒師訣竅：由於金巴利酒的澀味很重，會搶走普羅賽克氣泡酒味道，所以不需要用最好的普羅賽克氣泡酒來調配，以便宜順口的即可。

NINETEEN
TWENTY-FOUR

COLOMBO,
SRI LANKA

1924

可倫坡・斯里蘭卡

如果你對曾經鼎盛的巴達維亞亞力酒（Batavia arrack，參見第129頁）已不復以往而感到沮喪，那就抱點希望在果阿亞力酒（Goa arrack）身上。這款負責帶領英國人享受賓治酒樂趣的棕櫚糖烈酒，儘管在飲品調製歷史上佔有重要意義，但卻無法完全打入世界市場。至今果阿亞力酒仍在當代印度的果阿州製作，果阿亞力酒也有另一個名稱叫作費尼（Fenny），但受制於印度酒法關係而不能在國外販售。不過，果阿亞力酒受歡迎的程度和名聲，其實早已被另一種蒸餾酒搞得黯然失色，那款蒸餾酒也被命名為費尼，是以腰果的果實為製作基礎釀造的蒸餾酒。然而，幸好在斯里蘭卡，仍然可以找到接近古老風味的果阿亞力酒。

斯里蘭卡棕櫚蒸餾酒（Sri Lankan palm arrack）是由椰子樹汁製成的。這種汁液是經由棕櫚汁採集者（toddy tappers）收集的，他們會爬上樹木，切開花苞後在其下方放一個罐子以便收集汁液。因為空氣中浮游的酵母菌以及斯里蘭卡炎熱的氣候會讓棕櫚汁開始迅速發酵，因此採集工作必得在清涼的黎明時分進行。一旦將棕櫚汁發酵成棕櫚酒後，接著蒸餾並放入哈米爾拉木桶（halmilla-wood）中陳化。由此產生的烈酒，其口感比起強烈的巴達維亞亞力酒來說更加輕盈，品質也更精緻，並略帶堅果和麥芽風味，以及具有獨特的椰香和花香。

可惜的是，大部分斯里蘭卡出產的蒸餾酒都是迎合在地市場的量產商品，出口商品只佔少量。但由於許多人對於巴達維亞亞力酒越來越感興趣，並且有意重拾享用賓治酒樂趣的關係，如今斯里蘭卡出產的高品質棕櫚亞力酒皆可在世界各地買到。1924雞尾酒是由調酒師安德烈・帕斯比皓（Ondřej Pospíchal）為洛克蘭酒廠（Rockland Distilleries）的錫蘭亞力酒（Ceylon Arrack）所創作的雞尾酒，並以洛克蘭酒廠成立年來命名。以棕櫚亞力酒作為精緻開胃基酒，藉此展現出其多元性。如果你夠幸運能找到一瓶棕櫚亞力酒的話，絕對要試一下喔。

酒譜

40 ml（1¼盎司）斯里蘭卡棕櫚亞力酒
20 ml（¾盎司）雪莉酒（manzanilla）
15 ml（½盎司）瑪拉斯奇諾
　　黑櫻桃利口酒
10 ml（¼盎司）甜苦艾酒
檸檬皮，裝飾用

調製方法

在調酒杯中直調所有材料，加入冰塊攪拌至冰涼。濾冰後倒入冰鎮過的淺碟香檳杯，最後以檸檬皮裝飾。

調酒師訣竅： 請找100%棕櫚汁蒸餾而成的亞力酒；便宜的牌子通常混合棕櫚烈酒和天然酒精成分。

OAXACA OLD FASHIONED

OAXACA, MEXICO

瓦哈卡老式經典

瓦哈卡，墨西哥

在整個二十世紀，梅茲卡爾酒（mezcal）是世上最不受重視的烈酒之一，除了在麥爾坎・勞瑞（Malcolm Lowry）的酗酒悲劇《在火山下》（Under the Volcano，參見第157頁）一書裡作為其中一角之外。這款酒之所以出名（如果真的很有名的話），是因為作為一款廉價粗糙的烈酒，喝下去後喉嚨到胃有如火燒，以及酒瓶內還有一隻蟲的關係。大家可能聽說過「梅茲卡爾酒之於龍舌蘭酒，猶如白蘭地之於干邑」，其中有個說法暗示，比起更精緻出名的同屬酒類，梅茲卡爾酒則屬劣等版。雖然嚴格來說是沒有錯，直到最近，龍舌蘭酒其實被定義為特定型的梅茲卡爾酒，不過這卻也是個過時說法。梅茲卡爾酒現在有其受保護的原產區地名，甚至可以與最好的龍舌蘭酒相媲美。

梅茲卡爾酒和龍舌蘭酒的原料都是龍舌蘭。龍舌蘭草是原產於墨西哥的多汁植物，龍舌蘭草核心被稱為Piña（譯註：Piña為西班牙語鳳梨之意，此命名是因為外觀很像鳳梨），經過烘烤和壓榨後取得甜汁，再進行發酵和蒸餾。這是梅茲卡爾酒和龍舌蘭酒的相似點。龍舌蘭酒只能使用特定的藍色龍舌蘭草（agave azul）釀造，而梅茲卡爾酒卻可使用超過三十種不同的品種。製作龍舌蘭酒的龍舌蘭草用工業烤箱烘烤，而梅茲卡爾酒的龍舌蘭草則用燃木烤爐烘烤，因此讓梅茲卡爾酒具有特殊煙燻味。龍舌蘭酒的產量集中在哈利斯科州（Jalisco），而梅茲卡爾酒則集中於更南方的瓦哈卡州（Oaxaca）。

梅茲卡爾酒目前在精緻調酒界廣受歡迎的原因，主要歸功於兩個烈酒進口商：Del Maguey梅茲卡爾酒廠創始人羅恩・古柏（Ron Cooper）和瓜地馬拉的Café No Sé酒吧老闆約翰・雷克斯樂（John Rexler），另外還有美國德州的調酒師鮑比・霍格爾（Bobby Heugel）和紐約調酒師艾維・米克斯（Ivy Mix）和菲爾・沃德（Phil Ward）。本酒譜採用沃德於2007年以梅茲卡爾酒改編傳統老式經典（Old Fashioned）的版本，自此之後也成為現代經典之作。原酒譜使用龍舌蘭和梅茲卡爾酒，但本酒譜建議使用完整的60ml熟陳梅茲卡爾酒來調製。

酒譜

60 ml（2盎司）熟陳梅茲卡爾酒
5 ml（¼盎司）龍舌蘭糖漿
2滴 巧克力味苦精
柳橙皮，裝飾用

調製方法

在調酒杯中直調所有材料，加入冰塊攪拌至冰涼。濾冰後倒入老式酒杯並加上新鮮冰塊，最後以柳橙皮裝飾。

調酒師訣竅：如果無法取得熟陳梅茲卡爾酒，可以用45ml（1½盎司）優質Reposado等級的龍舌蘭（100%龍舌蘭）和15ml（½盎司）具有辛香煙燻味，未經陳年的梅茲卡爾酒混調而成的雙基酒來取代。

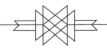

PAINKILLER

JOST VAN DYKE, BRITISH VIRGIN ISLANDS

止痛藥
約斯特范代克，英屬維爾京群島

位 於約斯特范代克島（Jost Van Dyke，位於英屬維爾京群島）的Soggy Dollar酒吧，是一家如天堂般無憂無慮的沙灘酒吧：陽光下的沙灘一片純白，一排排高大棕櫚樹蔭，以及晶瑩剔透又夢幻水藍的海水。不過倒是有個問題：這裡沒有碼頭可以停泊船隻，所以如果你想要喝一杯的話，不得不親自游到岸邊才行，這也是Soggy Dollar名號的來歷（譯註：字面之意是「濕掉的硬幣」）。Soggy Dollar酒吧以一款名為止痛藥（Painkiller）的雞尾酒聞名，這是現代Tiki熱帶風格飲料復興之下最受歡迎的雞尾酒之一。止痛藥基本上是以時髦的深色蘭姆酒和附加一點柳橙汁調製而成的鳳梨可樂達（參見第106頁），之所以聞名，並非來自起源故事，而是因為一場不愉快的法律糾紛。

止痛藥是1971年由Soggy Dollar酒吧的喬治和瑪麗（George and Mary Myrick）或者達芙妮・亨德森（Daphne Henderson）所發明的，最初酒譜要求混合不同的蘭姆酒，但並沒有指定當今經典酒譜使用的Pusser's Rum品牌，原因是1980年之前這個品牌尚未存在。Pusser's Rum酒廠是企業家查爾斯・托比亞斯（Charles Tobias）在購買了英國海軍部以前製作給水手喝的蘭姆酒比例混合配方的權利後，才開始營運的。這家位於英屬維爾京群島的酒廠後來在1990年代向Soggy Dollar酒吧取得Painkiller（止痛藥）的註冊商標許可。

2011年止痛藥突然聲名大噪的原因，是因為Pusser's Rum酒廠針對紐約一家名為Painkiller（止痛藥）的Tiki熱帶風格酒吧提起訴訟，而最終酒吧同意將名字改為PKNY。但這個行動也引起了一場至今仍存在的雞尾酒商標適用性爭論。

本酒譜忠於非酒精材料的原始比例（4等分鳳梨、1等分椰漿、1等分柳橙汁），並依照Tiki大師麥特「蘭姆小子」羅博德（Matt 'Rum-Dood' Robold）的建議，把蘭姆酒比例變得與鳳梨汁同量。如果找不到Pusser's Rum品牌的蘭姆酒，可以使用任何風味的英國傳統深色蘭姆酒，例如：牙買加蘭姆酒，但切記不要稱之為止痛藥以免被告。

酒譜
60 ml（2盎司）英國海軍蘭姆酒
　（Pusser's Rum品牌）
60 ml（2盎司）鳳梨汁
15 ml（½盎司）柳橙汁
15 ml（½盎司）椰奶（不含糖）
7 ml（¼盎司）糖漿
肉荳蔻粉，裝飾用
柳橙片，裝飾用
薄荷枝葉，裝飾用

調製方法
在雪克杯中直調所有材料，加入冰塊搖勻至冰涼。濾冰後倒入自選Tiki杯並加上碎冰，撒上新鮮肉荳蔻粉後，以柳橙片和輕壓過的薄荷枝葉裝飾。

PEGU CLUB

YANGON, MYANMAR

勃固俱樂部
仰光・緬甸

很多雞尾酒歷史都是與殖民主義有關；事實上，可以説沒有殖民主義，就沒有雞尾酒這樣的東西。十九世紀的雞尾酒依賴從遙遠之地所帶回的異國材料，而飲酒者對於骯髒惡劣、徹底剝削的來源環境條件，往往知道得越少越好。如果你是殖民地菁英一員，並且想要飲用雞尾酒時，通常會想到高檔環境裡好好享受一杯，並且遠離一整天被你剝削的普通老百姓。如果你是緬甸殖民菁英的英國成員，勃固俱樂部就是享受雞尾酒的好地方。

然而，勃固俱樂部（Pegu Club）有些賴以成名的原因。年輕的魯德亞德·吉卜林（Rudyard Kipling）在仰光（譯註：今日英文拼法為Yangon，之前為Rangoon）的俱樂部度過了一晚，在那裡他從聽到的戰爭故事中得到靈感啟發而創作了《曼德勒》（Mandalay）這首詩。該俱樂部在喬治·奧威爾（George Orwell）撰寫的《緬甸時代》（Burmese Days）諷刺小説中露面，當時奧威爾虛構下的凱奧科塔達（Kyauktada）的歐洲白人紳士（pukka sahibs）抱怨，即使是勃固俱樂部也開始讓「當地人」進入。儘管俱樂部建築本身已經被緬甸政府佔領，並已成荒廢遺址狀態，但其聲名大噪的主因是從那裡創造並流傳下來的一杯雞尾酒 "勃固俱樂部"。其酒譜是以琴酒、庫拉索香甜酒、苦精和萊姆汁混調。哈利·克拉多克（Harry Craddock）於1930年出版的《美味雞尾酒手札》（Savoy Cocktail Book）一書中，稱其為「流傳世界各地必點」的雞尾酒。

這款雞尾酒目前的名氣得歸功於調酒師奧黛麗·桑德斯（Audrey Sauders），她是把琴酒視為烈酒的堅定捍衛者，而她名下位於紐約的勃固俱樂部更是精緻調酒運動裡代表性的成就之一。桑德斯告訴作家菲爾·麥卡斯蘭德（Phil McCausland）説：「坦白説，勃固俱樂部雞尾酒再現的原因是我捲起雙袖支持的。」儘管勃固俱樂部的歷史觀點令人討厭，但這款展現出整體如何超越其各要素、經典訓誡的雞尾酒，仍然是值得擁護的飲品。

酒譜

60 ml（2盎司）琴酒

22 ml（¾盎司）庫拉索香甜酒
　　或白柑橘香甜酒

15 ml（½盎司）萊姆汁

1滴　香味苦精

1滴　柑橘苦精

萊姆皮，裝飾用

調製方法

在雪克杯中直調所有材料，加入冰塊搖勻至冰涼。雙重過濾後倒入冰鎮過的淺碟香檳杯，最後以萊姆皮裝飾。

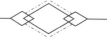

PIÑA COLADA
SAN JUAN, PUERTO RICO

鳳梨可樂達
聖胡安，波多黎各

鳳梨可樂達就像本書許多飲品的起源一樣也是頗具爭議性的。真正的爭論歸結為在聖胡安（San Juan）的兩家酒吧之間的鬥爭，他們彼此聲稱自己才是鳳梨可樂達的創始人，甚至還有徽章可證明。Barrachina酒吧聲稱這款飲品是由調酒師羅門·波斯塔·明哥特（Ramon Portas Mingot）於1963年在該酒吧發明的；而Caribe Hilton飯店的Beachcomber酒吧更提供兩個互相衝突的原創者主張，一個主張是由Ramón 'Monchito' Marrero Pérez於1952年所創，另一個主張是由Ricardo García於1954年所創。

但這款非常波多黎各風的雞尾酒很可能來自其他地方。1950年4月16日在Beachcomber酒吧宣稱發明這款飲品之前，《紐約時報》（New York Times）吊胃口地提到這款飲品創始人是古巴人，並指出酒譜為「蘭姆酒、鳳梨汁和椰漿」。1989年，一封寫給《紐約時報》編輯的信中聲稱，來信者自己於1950年在墨西哥調過鳳梨可樂達給朋友喝，「而且也不認為這款雞尾酒是新玩意兒」。在二十世紀前半期，這款叫作Piña Colada的飲品在加勒比海地區很常見，它在西班牙語的意思是「壓榨鳳梨」，簡單說就是沒有果粒的鳳梨汁。

波多黎各可以聲稱擁有讓鳳梨可樂達引起轟動的技術，也就是一種提取椰奶的方法。過去要取得椰奶是個相當費力的過程，你必須先取下椰肉，將其泡水使勁擠壓椰肉，直到擠出椰奶為止。當然，現在大家可以去超市購買波多黎各教授拉蒙·洛佩斯·伊里扎里（Ramón López Irizarry）出產的罐頭椰奶，他是把第一個椰奶品牌，Coco López，推向大眾市場的人。

如果你喜歡鳳梨可樂達（和漫步在雨中）*，請拿下果汁機，並向伊里扎里舉杯致敬，謝謝他將這款鮮為人知的加勒比海飲品帶到世界舞台。

酒譜

60 ml（2盎司）蘭姆酒
60 ml（2盎司）無糖椰奶
30 ml（1盎司）鳳梨汁
22 ml（¾盎司）糖漿
15 ml（½盎司）萊姆汁
鳳梨、櫻桃、柳橙片和（或）
　薄荷，裝飾用（隨意）

調製方法

把蘭姆酒、椰奶、鳳梨、萊姆汁和糖漿，以及約等量的碎冰一起放入果汁機，以低速慢慢加速打勻。一旦果汁機調到最快速時，慢慢加點碎冰直到打到像冰沙狀為止，最後倒入Tiki杯或可林杯，再以自選喜歡的裝飾物裝飾即可。

*譯註：「和漫步在雨中」的原文是 "and getting caught in the rain"，這是取自美國歌手Rupert Holmes創作的一首關於鳳梨可樂達的歌曲《Escape（The Pina Colada Song）》其中一段歌詞如下 "Yes, I like Pina Cola-das, and getting caught in the rain."（沒錯，我喜歡鳳梨可樂達和漫步在雨中。）

PISCO SOUR LIMA, PERU

皮斯可酸酒 利馬，秘魯

很難猜想像皮斯可酒（pisco）這般頗不重要的烈酒，其起源會引起一段如此緊張的關係；但話說回來，民族主義是一種壞透的毒品，特別是碰到一直在互鬥的國家曾經也是殘酷戰場上的戰友這種情況。皮斯可酒是一種爽口輕盈的陳年葡萄白蘭地，而且智利和秘魯都聲稱是創造這款酒的國家，事實上這兩個國家在皮斯可酒發明時期曾同屬於秘魯總督轄區，這也意味著兩邊的歷史文獻必定難以釐清。皮斯可酒真正來源國的問題，點燃了兩個鄰接國家之間的激情，以致於根據法律，秘魯皮斯可酒在智利必須標記為通用蒸餾烈酒（aguardiente），反之亦然。

相對之下，幸好皮斯可酸酒的起源較為明朗。由於秘魯作家勞爾・李維拉・埃斯科瓦爾（Raúl Rivera Escobar）的著作關係，讓人可以追溯至1903年秘魯的一本小冊子，其酒譜把皮斯可酸酒簡稱「雞尾酒」。但是，一位在利馬American酒吧的美國老闆維克多「美國佬」莫里斯（Victor 'Gringo' Morris）才是讓全世界關注這款皮斯可酸酒的人。1924年，莫里斯在秘魯和智利向英語外籍人士宣傳自家酒吧飲品，並聲稱自家酒吧多年來一直因為皮斯可酸酒而備受關注。皮斯可酸酒從American酒吧開始，持續贏得了秘魯和智利的飲酒文化支持。然而，區域差異性仍然存在，在智利的皮斯可酸酒省略了蛋清以及作為裝飾用的苦精。

至於雞尾酒中使用哪種皮斯可酒也頗有爭議性：智利風格是用柱式蒸餾器釀製，有時稍微在木桶中陳化，算是一種溫文儒雅的烈酒；至於秘魯風格則是用壺式蒸餾器釀製，並僅在陶瓷壺中短暫陳化，使之更加質樸美味。雖然本酒譜可以與智利皮斯可酒搭配使用，但是味道濃郁的秘魯皮斯可酒不僅更符合歷史口感，而且更能穿透蛋清的柔滑質地，因而打造出一杯更出色可口的皮斯可酸酒。

酒譜

60 ml（2盎司）皮斯可酒
　（以秘魯風格為優選）
15 ml（½盎司）萊姆汁
15 ml（½盎司）糖漿
1個　蛋清
3至4滴　香味苦精
　（以秘魯Amargo Chuncho品牌
　為優選）

調製方法

在雪克杯中直調所有材料（苦精除外）。乾搖至蛋清打發成泡沫狀，接著加入冰塊搖盪至冰涼。雙重過濾後倒入冰鎮過的淺碟香檳杯。把苦精滴到酒液泡沫表層，並輕輕利用牙籤勾勒出漩渦圖案。

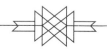

PLANTER'S PUNCH

KINGSTON, JAMAICA

拓荒者賓治

金斯敦，牙買加

拓荒者賓治（Planter's Punch）是所有後來的Tiki熱帶風格飲品的調製範本。當傳說中的美國調酒師恩尼斯·甘特（Ernest Gantt）而他之後取的另一個名字「海灘尋寶者」唐（Don the Beachcomber，參見第79頁）更為人所知。他在1920年代首次在英國金斯頓（Kingston）Myrtle Bank飯店的Patio酒吧喝到這款雞尾酒，之後便一見鍾情。在禁酒令廢除之後，由於一些名流如甘特等人的大力推廣，拓荒者賓治成為了美國的普及飲品。正如Tiki歷史學家「海灘流浪人」傑夫·貝里（Jeff 'Beachbum' Berry）所說，拓荒者賓治也成為甘特所有Tiki熱帶風格飲品的範本，而這些熱帶風格飲品本身就是強勢邁泰的範本（參見第78頁）。

多年以來流傳著一些關於如何調製拓荒者賓治的加勒比海打油詩：「我把酒譜給你，／身處酷暑的親愛兄弟。／兩份酸味（就萊姆汁吧）／加入一份半甜味（糖）。／再來三份勁味的老牙買加（深色蘭姆酒），最後加個四份無味（水）。／然後混飲。這樣子準沒錯——／我知道自己在說什麼。」因此，拓荒者賓治只不過是一杯普通蘭姆酒，只要一分鐘的準備時間，並可加入任何花俏的調味料（蘇打水、紅石榴糖漿、鳳梨汁），這種調製方法讓調酒師感到特別有成就感。

到了1920年代，幾乎所有的加勒比海地區酒吧和飯店都掀起一些類似拓荒者賓治的飲品風潮，但金斯頓之所以被稱為飲品的搖籃，這得歸功於佛雷德·邁爾斯（Fred L. Myers）。邁爾斯作為牙買加蘭姆酒Myers's Rum品牌的老闆，他把早期的「一酸味、二甜味、三勁味、四無味」轉換成一個不怎麼富有詩意，但更有酒勁的「一甜味、二酸味、三無味、四勁味」比例。本酒譜遵循邁爾斯的改良比例，並包含了1957年擔任檸檬哈特（Lemon Hart）蘭姆酒廠總經理的美國上校A.R.伍利（A.R. Woolley）的建議，以冰紅茶來取代「無味」的水。

酒譜

60 ml（2盎司）牙買加深色蘭姆酒
45 ml（1½盎司）現泡冰紅茶
30 ml（1盎司）萊姆汁
22 ml（¾盎司）糖漿
櫻桃，裝飾用（隨意）
萊姆片，裝飾用（隨意）
薄荷枝葉，裝飾用（隨意）

調製方法

在可林杯中直調所有材料後，加上細碎冰塊，接著用木製攪拌棒或吧匙攪拌，再加點碎冰，最後自選萊姆片、櫻桃和（或）薄荷枝葉裝飾。

調酒師訣竅：不要把紅茶泡得太濃，正常沖泡濃度即可。

PRUSSIAN GRANDEUR PUNCH

BERLIN, GERMANY

偉大普魯士賓治
柏林，德國

十九世紀後期有許多偉大的普魯士事件廣為流傳。由於普魯士宰相奧托·馮·俾斯麥（Otto von Bismarck）進行了一系列戰爭，在1871年除了奧地利之外的德語邦國被統一到德意志帝國。普魯士顯然是佔據主導地位的邦國，不僅領土最大，而且新加冕的凱撒·威廉大帝（Kaiser Wilhelm I）也是來自普魯士邦國。雖然威廉大帝在柏林統治新德意志帝國，但實際上他的宰相俾斯麥（Bismarck）才是真正掌控帝國的人。被譽為「鐵血宰相」的俾斯麥是個會讓馬基維利（Machiavelli）感到羞恥，並且也是位威武強剛的保守派專制主義者。

偉大普魯士賓治（Prussian Grandeur Punch）的創造者哈利·強生（Harry Johnson）對普魯士知之甚少。1845年出生於普魯士前首都柯尼斯堡（Königsberg，現為俄羅斯加里寧格勒）的強生，7歲時隨家人移居舊金山。到了1860年，正值15歲（他本人所聲稱）的他，已在聯盟飯店（Union Hotel）調酒。強生聲稱自己在這段時間撰寫了有史以來第一本關於賓治酒的調酒師手冊，從而擊敗了傑瑞·湯瑪斯（Jerry Thomas，參見第85頁），但印數一萬冊的書都未曾在市面上出現過。後來，在1882年，他又出版一本「新版或改編」（或者可能是首版）的《調酒師手冊》（Bartnender's Manual），這是一本英語和德語的雙語手冊。

1882年的《調酒師手冊》一書中的偉大普魯士賓治的酒勁肯定強烈。其中包含六瓶完整的branntwein（一種由裸麥釀製的德國伏特加類烈酒，現今更為人所知的名稱是柯倫酒〔korn〕），還有一瓶葛縷子香甜烈酒和櫻桃白蘭地。那這些又跟普魯士人有何關聯性呢？好吧，強生所要求的這款Nordhäuser品牌的branntwein伏特加烈酒，恰好是俾斯麥的最愛，因此產生些許的關聯。而本酒譜把強生調配的濃烈酒勁比例，減少到適合家庭飲用的份量。

酒譜

115 g（4盎司）粗糖
330 ml（11盎司）過濾水
750 ml（25盎司）柯倫酒
125 ml（4盎司）葛縷子香甜烈酒
125 ml（4盎司）櫻桃白蘭地
20 ml（¾盎司）茴香酒
20 ml（¾盎司）庫拉索香甜酒
檸檬片和柳橙片，裝飾用

調製方法

把糖和水放到大酒缸裡攪拌至溶解，加入其他剩下的材料攪勻後，放入冰箱冷藏。雞尾酒飲用前，加入大塊冰塊以保持冰涼，並以檸檬片和柳橙片裝飾。

份量：10 人份

PUNCH À LA ROMAINE
SOUTHAMPTON, ENGLAND

羅馬賓治 南安普敦，英國

當著名的鐵達尼號（Titanic）於1912年首次從南安普敦（Southampton）出發前往紐約市時，出自著名法國廚師奧古斯特・艾斯葛菲（Auguste Escoffier）之手的羅馬賓治（Punch a la Romaine, Riman Punch），其名氣達到了最高巔峰。想不到羅馬賓治會在鐵達尼號上因為遭遇可怕的下場而出名。從沈船打撈來的菜單裡得知，這款雞尾酒是作為所謂「不沉之船」撞上冰山並沉入冰冷大西洋海域的那晚，於頭等艙晚宴中的第六道菜，作為豐富菜餚之間的清味蕾小點。對於船上自命不凡的精英來說，這個晚宴的結局相當令人震驚。

在鐵達尼號悲劇後，又發生了更可怕的世界事件：奧國王儲斐迪南大公（Franz Ferdinand）遭到暗殺，以致成為第一次世界大戰的導火線；在戰爭結束後不久，美國通過沃爾斯泰德法案（Volstead Act）實行禁酒令。由於羅馬賓治的準備耗時費工，加上材料不便宜並且只使用最好的法國香檳，算是稱得上真正的愛德華風格，所以肯定不會在出現在當今世界的居家調酒裡，可以說羅馬賓治的命運基本上是與鐵達尼號一起沉沒了。

但如果你想舉辦一生一次的狂歡派對，或者只想在羊肉和鴿肉之間清清味蕾，不如啜飲幾杯羅馬賓治看看，其口感有出自蛋清的既豐富滑順，又兼具檸檬汁和氣泡酒的新鮮清爽。這款飲品的高階版需要用一台冰淇淋機來攪拌製作檸檬冰沙，以及提前準備義大利蛋白霜，本酒譜是使用碎冰複製冰沙口感，並在雪克杯中製作蛋白霜。

酒譜

30 ml（1盎司）調味白色蘭姆酒
　　或白色農業蘭姆酒
30 ml（1盎司）柳橙汁
15 ml（½盎司）檸檬汁
15 ml（½盎司）糖漿
1個　蛋清
60 ml（2盎司）氣泡酒
柳橙皮絲或柳橙皮，裝飾用

調製方法

在雪克杯中直調所有材料（氣泡酒除外）。乾搖至蛋清打發成泡沫狀，接著加入冰塊搖勻至冰涼。濾冰後倒入大型淺碟香檳杯；加入細碎冰直到成冰沙狀為止，最後加入氣泡酒，以新鮮柳橙皮絲或柳橙皮裝飾。

菲律賓雖然不完全是雞尾酒的聖地，但卻對調酒歷史產生巨大的影響。如果沒有馬尼拉和墨西哥阿卡波可（Acapulco）之間的大帆船貿易路線，我們所知的龍舌蘭酒可能不會存在：一些考古學家認為菲律賓人是第一個把蒸餾酒引進墨西哥的人。雖然Tiki熱帶風格飲品運動的帶頭者是美國白人，但1930年代和1940年代期間，在Tiki熱帶風格酒吧賣力工作的反而是那些默默無聞的菲律賓調酒師。

雞尾酒首次出現在菲律賓是在戰爭時期。1898年美西戰爭時，為了防止美國西海岸遭受襲擊，美國船隻駛入馬尼拉港口並殲滅了駐守那裡的西班牙艦隊。艾米利歐·阿奎納多（Emilio Aguinaldo）領導的菲律賓獨立運動最初歡迎美國加入參與，以利實現該國從西班牙殖民者統治中解放的目標，但他們很快便意識到美國想要控制菲律賓群島的意圖。到了1899年，菲律賓發起獨立運動向美國宣戰，美國迅速報復，猛烈鎮壓這一場獨立運動。菲律賓徹底成為美國的新殖民地，並派遣美軍進駐菲律賓以保持殖民狀態。而美國人去到哪，對雞尾酒的那份渴望也迅速尾隨。因此，當美國作家和飲酒愛好者查爾斯·貝克（Charles H. Baker）於1926年抵達美國掌控下的菲律賓時，他目睹了雞尾酒是如何入境隨俗。

貝克對當地的雞尾酒場所的蓬勃發展留下了深刻的印象，他在1939年出版的《紳士的酒伴》（The Gentleman's Companion）一書中，列出了17種菲律賓在地雞尾酒創意飲品。他的許多酒譜都出自Manila飯店經理華特（埃利特「茫克」·安特里姆（Walter Ellett 'Monk' Antrim）之手，其中包括這一款名為括倫艇（Quarantine）的古怪混飲，並且這還讓貝克稱之為馬尼拉最好喝的一款，甚至超越長年處在顛峰的不甜馬丁尼。

酒譜

45 ml（1½盎司）白色蘭姆酒

7 ml（¼盎司）琴酒

7 ml（¼盎司）不甜苦艾酒

7 ml（¼盎司）檸檬汁

7 ml（¼盎司）柳橙汁

7 ml（¼盎司）糖漿

5 ml（¼盎司）不甜茴香酒
　或2滴　茴香酒

1個　蛋清

檸檬皮，裝飾用

調製方法

在雪克杯中直調所有材料，乾搖至蛋清打發成泡沫狀，接著加入冰塊搖勻至冰涼。雙重過濾後倒入冰鎮過的淺碟香檳杯，以檸檬皮裝飾。

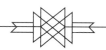

QUEEN'S PARK

皇后公園

西班牙港，千里達及托巴哥

SWIZZLE

PORT OF SPAIN, TRINIDAD AND TOBAGO

安格仕苦精（Angostura）是德國的約翰·西格特（Johann Siegert）博士在1824年試圖研發一種萬能藥的時候發明的，當時他剛好也擔任委內瑞拉軍事領導人西蒙·玻利華（Simón Bolivar）的外科醫生，並居住在委內瑞拉的安格仕杜拉鎮（Angostura，現今改名為Ciudad Bolivar）。不久後，西格特的這款苦精成為英國海軍軍官常喝的典型飲品粉紅琴酒（Pink Gin）中的關鍵材料，從此這款苦精開始走入全世界的酒櫃和酒吧裡。在委內瑞拉政治氛圍不穩定之後，西格特的兒子們把公司搬到了千里達及托巴哥（Trinidad and Tobago）的首都西班牙港（Port of Spain），從那時起，安格仕苦精便一直在那裡製作生產。

安格仕苦精跟眾多競爭產品不同的地方是，其在禁酒令打擊之下倖存下來，兼之附有大標籤的獨特瓶身風格（這顯然是負責訂購瓶子與設計標籤的人之間溝通有誤的結果），很快成為整個二十世紀調酒師常用的材料之一。每家酒吧都必須要有一瓶安格仕苦精，即便很久沒用了也無所謂，不然就不算是一家名副其實的酒吧。

近年來，精緻調酒熱潮帶來了一系列的新款苦精，從安格仕苦精的前競爭產品（如：Abbotts bitters，阿博特苦精）的回歸，到令人眼花繚亂的各種新式混合物（如：grapefruit oolong bitters，葡萄柚烏龍苦精，有人試過嗎？）。雖然安格仕苦精如今看來似乎已過時，但皇后公園（Queen's Park Swizzle，以西班牙港市中心現已拆除的Queen's Park飯店為名，該飯店離安格仕苦精公司總部不遠）會讓你明白在眾多新式苦精紛紛退場時，為何只有這款平衡美味的安格仕苦精仍屹立不搖。看看加入大量強烈蘭姆酒和用豐富玫瑰色澤苦精點綴酒液的皇后公園，怪不得Tiki飲品先驅維克商人（Trader Vic）會稱其為「當今最令人愉悅的麻醉形式」。

酒譜

8片 薄荷葉
60 ml（2盎司）調味深色蘭姆酒
20 ml（¾盎司）萊姆汁
5 ml（¼盎司）糖漿
6至8滴 安格仕苦精
薄荷枝葉，裝飾用

調製方法

在可林杯中放入薄荷葉輕輕搗碎，加入蘭姆酒、萊姆汁和糖漿攪勻。加上細碎冰塊，用木製攪拌棒或吧匙攪拌。再多加點碎冰，在酒液表面加入幾滴安格仕苦精，並以輕壓過的薄荷枝葉裝飾，用吸管慢慢飲用。

調酒師訣竅：在滴入安格仕苦精時，請小心避免濺到衣物，不然留下的污漬很難洗得掉。

RHUBARB FIZZ

SYDNEY, AUSTRALIA

大黃費士
雪梨‧澳洲

直到最近，雪梨的酒吧一直是由夜店和其他大型會館所主導，不僅入場費高、賓客名單有限制，還立上紅龍柱來隔離一般民眾。當然，浮華魅影的確適合澳洲這座最具時尚意識的城市，但至於飲品不一定令人難忘。以上所提到的一切，都在2007年隨著雪梨中央商業區開放小型酒吧許可證後（這點讓小商家有機會在無需承擔加諸於大型商家的高昂許可證費用之下開業）而有了變化。接下來大家所看到的是一股名副其實的小眾酒吧熱潮，其中為首的是Bulletin Place（公告會所）酒吧，這是一家根據在地最新鮮和當季食材來不定期推出新酒單的小型閣樓酒吧。

Bulletin Place酒吧專注於新鮮食材，這一點與澳洲飲食習慣的大轉變有關。「在地食材主義」和「慢食」這些強調食用當地食材和有機食物的運動，隨著全球化對環境和社會造成影響的認知而得以發展。澳洲調酒師已開始朝向在地產品，而不是選擇使用享有盛名的進口商品。那麼，也許更貼切的說法是，Bulletin Place酒吧不是裝潢閃亮華麗的雪梨時髦場所，反而是一處橫梁外露，並用老家具裝潢的小空間。

由新鮮澳洲大黃果泥和琴酒混合而成的強烈風味，加入Pedro Ximénez雪莉酒添增甜度，最後再加點檸檬汁平衡口感，這款大黃費士（Rhubarb Fizz）是一種看似簡單的飲品，但卻揭露了創作者（Bulletin Place酒吧共同擁有者提姆·菲利普斯〔Tim Philips〕）的理念。而且，如果你住的地方附近有種植大黃，便可在自家吧台以在地當季食材來重現這一款飲品。

酒譜

40 ml（1¼盎司）琴酒
20 ml（¾盎司）大黃果泥
　（參考下列訣竅說明）
15 ml（½盎司）檸檬汁
10 ml（¼盎司）雪莉酒
10 ml（¼盎司）糖漿
1個　蛋清
60 ml（2盎司）氣泡水

調製方法

在雪克杯中放入所有材料（氣泡水除外），乾搖至蛋清打發成泡沫狀，接著加入冰塊搖勻至冰涼。把氣泡水倒入可林杯後，慢慢把雪克杯中的酒液雙重過濾倒入其中，隨意加入新鮮冰塊，即可飲用。

調酒師訣竅： 網路上有很多教人在家自製大黃果泥的食譜。製作材料只需三樣東西：大黃、糖和水。

雖然雞尾酒文化可能相對較早被引入日本（參見第7頁），但用日本食材調製的雞尾酒，在全球的雞尾酒盛況中卻很罕見，直到二十世紀末期才開始冒出頭，當這些飲品出現時（包括具代表性的澳洲日本拖鞋，參見第68頁），幾乎都沒有體現日本調製雞尾酒的方法。也許那些被綜合歸在「清酒馬丁尼」（Saketini）之下的雞尾酒是最惹人生氣的：這類酒譜大多是以荔枝或黃瓜等具有「亞洲」象徵性的材料來調製，並且口味經常過甜。

問題的癥結點部分出在於西方雞尾酒製作者，他們往往頑固地將「清酒」視為一種單一不變的成分，而不是把清酒當成百變多樣、令人驚嘆的產品。清酒是米酒，由原米磨掉外皮後的精米與水混合發酵製作而成。神戶的灘區和周邊地區被認為是日本清酒釀酒業的中心。如同葡萄酒一樣，清酒的分類也令人眼花繚亂，例如，精米步合50%以下的大吟釀、無添加額外酒精的純米（無添加額外酒精）和「特別」釀造及添加酒精的特別本釀造酒等。根據清酒的發酵方式和發酵結束後的處理方式，可以更進一步劃分不同種類。因此，只要求加入「清酒」的酒譜，有點像是只要求加入「葡萄酒」的酒譜，但卻沒說明是紅酒、白酒、加強酒，還是氣泡酒等等，如此含糊的酒譜是無效的。

日本調酒師後藤健太（Goto Kenta）經營的Bar Goto酒吧，提供獨特日式風格的即興經典雞尾酒，由於每一款都十分注重細節且非常講究，因而使得日式的精緻調酒開始聞名。Bar Goto酒吧的櫻花馬丁尼，其精緻的鹽漬櫻花在淺碟香檳杯中漂浮，並以優質的清酒扮演主角，藉以向精緻調酒世界展現日本食材以及其日式感性的一面。

酒譜

1朵　鹽漬櫻花，裝飾用
75 ml（2½盎司）純米樽酒清酒
　　（以大關出品的小松帶刀樽酒為優選）
30 ml（1盎司）琴酒
　　（以普利茅斯琴酒為優選）
1滴　瑪拉斯奇諾黑櫻桃利口酒

調製方法

用小碗裝熱水，浸泡鹽漬櫻花10分鐘，用篩網撈起櫻花，以冷水沖洗後，用紙巾壓乾，暫置一旁。在調酒杯中直調清酒、琴酒和瑪拉斯奇諾黑櫻桃利口酒，加入冰塊攪拌至冰涼，濾冰後倒入淺碟香檳杯，最後以櫻花裝飾。

SAN MARTÍN

MONTEVIDEO, URUGUAY

聖馬丁

蒙狄維歐，烏拉圭

由於十九世紀末和二十世紀初的遊客（主要是指美國佬）無論走到哪裡都愛喝混飲，因此要感謝他們將雞尾酒帶到南美洲。當這些美國人抵達烏拉圭和阿根廷時，他們遇到了被利潤豐厚的牲畜業吸引去的歐洲移民，也因此接觸這些歐洲移民帶來的舊世界複雜草本味的飲品，像是艾碧斯茴香酒，苦艾酒和各種有助消化的餐後酒 amari（amari）。由於沿著拉布拉塔河（Río de la Plata）和巴拉那河（Río Paraná）進行的貿易活動，使得烏拉圭首都蒙狄維歐，以及阿根廷的羅薩里奧和布宜諾斯艾利斯等城市成為繁榮的現代化大都市。而南美洲主要的經典雞尾酒聖馬丁，便是在拉普拉塔平原（Platine basin）的文化熔爐中被復刻的。

正如雞尾酒歷史學家大衛・旺德里奇（David Wondrich）所指出的，聖馬丁只是一款帶有南美腔的甜馬丁尼。那麼雞尾酒名又是怎麼一回事呢？何塞・弗朗西斯科・德・聖馬丁（José Francisco de San Martín）是南美洲最重要的自由戰士。而旺德里奇堅決主張：「當美國飲酒者歡呼大喊馬丁尼萬歲時，最終傳到迷人的南美洲大陸那端後，所聽到的名字有些不同，『馬丁尼』（Martini）被聽成了『馬丁』（Martín），而如果有了馬丁，『聖』（San）肯定也潛伏在附近」。

在早期的文獻中，聖馬丁是由等量的倫敦乾琴酒或老湯姆琴酒和甜苦艾酒，以及一點點的⋯好吧，這裡是調酒變得棘手的地方。好像幾乎每個位於拉普拉塔平原的酒吧都有各自調製聖馬丁的方式，例如：添加柑橘苦精、瑪拉斯奇諾黑櫻桃利口酒、櫻桃白蘭地酒，庫拉索香甜酒或黃色夏特勒茲藥草酒等等。最早的聖馬丁酒譜來自1911年，要求在琴酒和苦艾酒的混合酒液裡分別添加三種材料，但這款酒譜出自具有影響力的比利時調酒師羅伯特・維梅爾（Robert Vermeire）所撰的《如何調製雞尾酒》（Cocktails: How To Mix Them）一書中，只簡單添加一吧匙的黃色夏特勒茲藥草酒，以大量的複雜草本味來調製聖馬丁，使其不僅僅是馬丁尼的複製品。

酒譜
45 ml（1½盎司）琴酒或老湯姆琴酒
45 ml（1½盎司）甜苦艾酒
5 ml（¼盎司）黃色夏特勒茲藥草酒
檸檬皮，裝飾用
新鮮水果，裝飾用（隨意）

調製方法
在調酒杯中直調所有材料，加入冰塊攪拌至冰涼。濾冰後倒入冰鎮過的淺碟香檳杯，以檸檬皮裝飾，可隨意搭配當季水果。

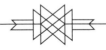

賽 澤瑞克（Sazerac）是紐奧良的代表性雞尾酒，其花了很多年時間才從威士忌雞尾酒（本身後來被稱為老式經典，參見第18頁）區分出來。賽澤瑞克的血統可追溯至1830年代，從一位來自紐奧良的藥劑師安東尼‧裴喬（Antoine Amedie Peychaud）所研發的專有苦精（並以他名字命名）說起。這些苦精與一些糖、水和大量法國白蘭地，特別是用一款賽澤瑞克干邑白蘭地（Sazerac de Forge et Fils）來調製，以致於賽澤瑞克最終成為這款雞尾酒之名。到了1843年，你會發現許多紐奧良酒吧都會在賽澤瑞克中加點艾碧斯茴香酒，於是一款接近現代的賽澤瑞克便由此誕生了。

但後來出現兩個命運的轉折點在等著這款所謂的賽澤瑞克飲品：根瘤蚜蟲和艾碧斯茴香酒恐慌。根瘤蚜蟲是一種寄生於美國葡萄的害蟲，於十九世紀中期被引入歐洲，因此摧毀了歐洲的葡萄酒產業，更破壞了白蘭地釀酒產業。由於法國白蘭地在當時很罕見，於是紐奧良調酒師開始用美國裸麥威士忌來調製雞尾酒。因為法國葡萄酒和白蘭地的稀有，於是也部分導致了法國艾碧斯茴香酒的日益普及。艾碧斯茴香酒因其高酒精濃度和苦艾內含物所產生的潛在致幻效果（因此其綽號為綠仙子）而聞名，於是艾碧斯茴香酒的消費很快導致道德恐慌。所以，許多賽澤瑞克的酒譜版本都不用再用艾碧斯茴香酒，反而以一種不含苦艾的茴香酒取代（Herbsaint，一種不含苦艾的苦艾酒替代品）。

賽澤瑞克的名字首次出現在1899年艾碧斯茴香酒禁令開始實施之前的書面文獻中（在苦艾酒禁令開始實施之前），在早期的酒譜中並沒有規定要專用裴喬苦精（Peychaud's bitters）。然而，與其力求虛幻的真實性，本書收錄的賽澤瑞克酒譜使用干邑和裸麥威士忌的雙基酒，並添些艾碧斯茴香酒以及另外加一點安格仕苦精，藉此反映出這款崇高飲品的盛衰歷史。

酒譜

30 ml（1盎司）干邑
30 ml（1盎司）裸麥威士忌
7 ml（¼盎司）糖漿
2滴　裴喬苦精
1滴　香味苦精（隨意）
5 ml（¼盎司）苦艾酒（或茴香酒）
檸檬皮，裝飾用

調製方法

在調酒杯中直調所有材料（苦艾酒除外）。用艾碧斯茴香酒涮過冰鎮過的老式酒杯後，倒掉多餘的酒液。在調酒杯中加入冰塊攪拌至冰涼，濾冰後倒入剛用艾碧斯茴香酒涮過的酒杯裡。取用檸檬皮在酒杯正上方噴附皮油後，檸檬皮可丟掉或放到杯緣做為裝飾。

SEVEN SEAS SWIZZLE

JAKARTA, INDONESIA

七海浪潮
雅加達，印尼

巴達維亞亞力酒（Batavia arrack）是在蘭姆酒發明之前便已存在。這種時髦充滿活力的印尼烈酒是用乾燥發霉的紅米糕和棕櫚酒發酵的甘蔗糖蜜蒸餾而來。這個古老方法在印尼至今已經流傳了好幾世紀。雖然與現代口味相較之下較為不同，但是這款亞力酒與果阿亞力酒（參見第99頁）仍然將西方人帶入蒸餾酒的世界中。

儘管現今我們認為巴達維亞亞力酒帶有澀味特性，但在過去與其他烈酒相比，仍是以柔順口感著稱。雖然琴酒非常受底層階級喜愛（參見第55頁），但瑞克賓治（rack punch）仍是十八世紀英格蘭上流社會的首選飲品。但到了十九世紀初，對於亞力酒賓治的愛好卻被認為是古怪或被視為消遣的。在具有代表性的調酒師傑瑞·湯瑪斯（Jerry Thomas）於1862年出版的《調酒師指南》（Bar-Tender's Guide）一書中指出，巴達維亞亞力酒被視為一款不常用的酒：「除了為賓治調味外，在美國很少用。」巴達維亞亞力酒能夠流傳至二十一世紀，跟荷蘭人有很大的關係，因為荷蘭人在殖民印尼的同時，對巴達維亞亞力酒產生很大的興趣，再加上瑞典賓治（Swedish Punsch，參見第34頁）的發明，所以至今以巴達維亞亞力酒為基酒的雞尾酒在瑞典仍然很流行。

巴達維亞亞力酒就像其他再次活躍的古老烈酒一樣，如今出現在世界各地精緻調酒的酒吧中。巴達維亞亞力酒不太可能再次取代蘭姆酒或白蘭地，但這款酒確實在調酒師中引起了一股流行風潮，其中包括紐約Porchlight酒吧的調酒師尼克·班奈特（Nick Bennett）所調製的七海浪潮（Seven Seas Swizzle），這是一款以皇后公園（Queen's Park，參見第118頁）和茶為基底的傳統賓治所混調而來的飲品，能展現出巴達維亞亞力酒的獨特優勢。

酒譜

60 ml（2盎司）巴達維亞亞力酒
22 ml（¾盎司）綠茶糖漿
　　（參考下列訣竅說明）
15 ml（½盎司）萊姆汁
1滴　柑橘苦精
薄荷枝葉，裝飾用
肉荳蔻粉，裝飾用

調製方法

在可林杯中直調所有材料，加點碎冰，用木製攪拌棒或吧匙攪拌，再加點碎冰。以輕壓過的薄荷枝葉和現磨肉荳蔻粉裝飾，最後以吸管慢慢啜飲享用。

調酒師訣竅： 綠茶糖漿的作法是把等量的糖和現泡的濃綠茶混合，並攪拌至糖溶解後放涼，接著倒入殺菌過的杯器中，放入冰箱保存。

SHANGHAI BUCK

ʃHANGHAI, CHINA

上海霸克
上海，中國

1941年的某一天，美國休柏萊恩烈酒公司（Heublein Inc.）的經銷高階主管約翰·馬丁（John G. Martin）坐在紐約Chatham飯店的酒吧裡。這一天他過得很不開心。自從他在1939年說服休柏萊恩烈酒公司收購思美洛伏特加（Smirnoff）品牌後，他幾乎賣不掉這些伏特加。當然，他也試著向消費者保證說：「思美洛讓你愛到窒息。」來拓展市場，但這句廣告詞只會讓他的新收購看起來更不體面。好萊塢Cock 'n' Bull酒吧老闆傑克·摩根（Jack Morgan）對此深感同情。因為他也花了大量時間，試圖銷售專門為自家酒吧釀造的辛辣薑汁啤酒。另外，有位旅遊業務也加入這個賣不掉的行列，他無法讓別人為他一直想賣掉的銅製馬克杯掏錢。後來，有人將馬丁的奇怪俄羅斯烈酒與薑汁啤酒和萊姆汁混調，然後以銅製馬克杯盛裝。瞧，一杯莫斯科騾子（Moscow Mule）據說就這樣誕生了。

這一款三人攜手調製出來的莫斯科騾子，其實是由霸克（Buck）改良而來，並以薑汁汽水或啤酒和柑橘汁混調。伏特加不是唯一用來調製霸克的烈酒。如果用美國威士忌調製，就變成一杯威士忌霸克（Whiskey Buck）；如果用蘇格蘭威士忌，就變成一杯媽咪泰勒（Mamie Taylor）；或用白色蘭姆酒調製，則成為一杯上海霸克（Shanghai Buck）。但蘭姆酒是來自古巴，為什麼稱為上海霸克？正如旅行生活享樂家查爾斯·貝克（Charles H. Baker）在其著作《紳士的酒伴》（The Gentleman's Companion）一書中指出，上海人「比起世界上任何其他城市消費更多的百加得蘭姆酒（Bacardí）。」

雖然上海霸克與莫斯科騾子的相似性，可能使上海霸克在雞尾酒史上留下些註腳，但上海霸克與莫斯科騾子的區別，最終還是讓上海霸克名列現代飲酒者的酒單中。白色蘭姆酒不再僅僅是百加得家族的其中一款；其中最好的一款古巴百加得蘭姆酒（Carta Blanca）產品自從1960年被逐出古巴以來，寧可讓風味滑順也不要太過於複雜。而如今風味複雜、醒目的白色蘭姆酒在全世界的酒吧裡都找得到。也許現在是上海霸克捲土重來的時候了。

酒譜

60 ml（2盎司）白色蘭姆酒
15 ml（½盎司）萊姆汁
120 ml（¾盎司）薑汁啤酒
萊姆角或萊姆片，裝飾用

調製方法

在可林杯中直調白色蘭姆酒和萊姆汁後，倒入薑汁啤酒。加上冰塊，最後以萊姆角或萊姆片裝飾。

SHERRY COBBLER

JEREZ, SPAIN

雪莉酷伯樂

赫雷斯・西班牙

曾經冰塊被視為稀有珍貴的東西，所以某段時期雞尾酒是沒在加冰塊的，這件事在現代飲酒者眼中看來可能有點奇怪。然而，來自波士頓的企業家弗雷德裡克‧圖德（Frederic Tudor）決心為大眾採冰，而且還是在冰箱和冰櫃發明前的一個世紀就動手開採了。

1805年時，圖德計劃把新英格蘭的湖泊和池塘自然結成的冰塊往熱帶地區運送。但是該計劃卻遭到嘲笑，還被有名的託運公司公然拒絕把冰塊作為貨物運送，他只好自掏腰包買艘貨船來克服這個難關。當他的交通工具抵達加勒比海的馬提尼克島（Martinique）時，冰塊幾乎完好無損，卻無處可放。圖德眼睜睜看著致富的希望逐漸融化消失。然而，過了幾十年，也就是圖德在世界各地建立一系列冰屋之後，還有多虧納森尼爾‧惠氏（Nathaniel W-yeth）發明的馬拉切割工具，此時購買冰塊的消費概念起飛，因而使得圖德成為超級富豪。

也許有一點聽起來並不奇怪，那就是冰塊很快地被用來稀釋當時流行的雪莉酒，這款酒是西班牙赫雷斯（Jerez）及其周圍地區生產的加強型葡萄酒。1838年，雪莉酷伯樂（Sherry Cobbler）作法是把適量的雪莉酒傾倒在碎冰塊上，並只用一匙糖和新鮮水果裝飾來展現活力。在1843年，雪莉酷伯樂得到了名人查爾斯‧狄更斯（Charles Dickens）的代言，他在美國旅遊期間喝到這款飲品後，把它寫進小說《馬丁‧朱述爾維特》（Martin Chuzzlewit）一書中。雪莉酷伯樂在小說中客串一角，讓我們深入了解十九世紀早期的飲酒文化和吸管的重要性。正如飲料歷史學家大衛‧旺德里奇（David Wondrich）在其著作《飲！》（Imbibe!）一書中所描述論述的那樣，「十九世紀的牙科醫師向大眾呼籲，如果可以的話，盡量不要讓冰塊直接接觸到牙齒。」這位狄更斯故事的可憐主角馬丁，他以前從未見過吸管，所以聽到把吸管放到嘴裡的建議令他大吃一驚。幸好最終他還是做了：「馬丁拿起杯子，帶著吃驚的表情，把嘴唇貼到吸管上，然後在狂喜中抬起眼睛。」等你試喝過雪莉酷伯樂後，便能理解馬丁的反應了。

酒譜

90 ml（3盎司）雪莉酒
　（fino, manzanilla, amontillado,
　palo cortado或oloroso）
15 ml（½盎司）糖漿
柳橙片，裝飾用
當季水果（隨意）

調製方法

在雪克杯中直調所有材料，加入冰塊搖勻至冰涼。濾冰後倒入老式酒杯或可林杯後，加上碎冰。以柳橙片或其他當季水果裝飾，並附上一根吸管飲用。

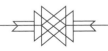

SIDECAR COGNAC, FRANCE

側車 干邑，法國

白蘭地之王干邑的發明得歸功於一些歷史事故。十六世紀後期，荷蘭貿易商開始從法國南部的夏朗德（Charente）地區運送鹽、紙張和葡萄酒至英格蘭、荷蘭和斯堪地那維亞。當時白葡萄酒在運送途中容易變質，所以荷蘭商人把白葡萄酒蒸餾，以便釀製出brantwijn（荷蘭語之意是「加熱的葡萄酒」），白蘭地則是brantwijn在今日更廣為人知的說法。夏朗德地區的居民很快地發現利用雙蒸餾方式可以釀出高質量的brantwijn，而把酒液放入橡木桶陳年更能提升烈酒品質，還有某些種類的葡萄則更適合用來蒸餾。干邑鎮周圍地區因其出品的白蘭地而聞名全球，即使今日的法國人也較喜歡比干邑更質樸的同屬，雅馬邑白蘭地（armagnac）。

側車（Sidecar）可能是最著名的干邑雞尾酒，但起源也是眾說紛紜。大衛·恩伯里（David A. Embury）於1948年出版的《調酒的藝術》（The Fine Art of Mixing Drinks）中聲稱，「側車是我一位朋友於第一次世界大戰期間在一家巴黎小酒館發明的，並以時常騎車來到這家小酒館的上尉的摩托車側車命名。但為何哈利·麥克艾爾宏（Harry MacElhone）在他1923年版本的《雞尾酒混搭ABC》（ABC of Mixing Cocktails）書中，把酒譜歸功於倫敦Buck's Club酒吧的首席調酒師派翠克·麥克格雷（Patrick MacGarry）呢？而羅伯特·韋梅爾（Robert Vermeire）在1922年寫的《如何調製雞尾酒》（Cocktails: How to Mix Them）書卻寫道，側車既「在法國流行」又是「透過麥克格雷在倫敦推廣的」，他到底想表達什麼呢？

而且酒譜內容到底是什麼？每個人都同意酒譜中有干邑、白柑橘香甜酒或庫拉索香甜酒和檸檬汁等材料，但混調比例卻是五花八門，這一點也反映出平衡飲料的三個基本要素的難度。側車比大多數雞尾酒更需要精準到位的調製，因此請大家利用本酒譜作為探索風味的啟程。

酒譜

糖（用來沾濕杯緣，隨意）
45 ml（1½盎司）干邑
22 ml（¾盎司）庫拉索香甜酒
　或白柑橘香甜酒
22 ml（¾盎司）檸檬汁
柳橙皮，裝飾用

調製方法

在雪克杯中直調所有材料，加入冰塊搖勻至冰涼。雙重過濾後倒入冰鎮過的淺碟香檳杯。如果杯緣打算沾糖，請先製作後再倒入酒液，最後以柳橙皮裝飾。

調酒師訣竅：紐約調酒師華金·西蒙（Joaquín Simó）加入5ml的德麥拉拉蔗糖（糖與水比例2:1），來讓他的側車口感更「濃稠」。如果覺得自己的側車有點太單調，試試看這個方法吧。

SINGAPORE SLING

SINGAPORE 新加坡司令 新加坡

如果向任何調酒師問到有關新加坡司令的發明，他們大概會這樣回答：1915年調酒師嚴崇文（Ngiam Tong Boon）在Raffles飯店的Long Bar酒吧所創作。接著再問放了哪些材料，那又是另一回事了。琴酒，這不用多說吧，因為新加坡司令是琴酒司令的直系後代。另外還加了一些讓雞尾酒看起來呈現粉紅色的東西，例如櫻桃利口酒、紅石榴糖漿、些許安格仕苦精，或者甚至是紅酒冰淇淋等。其餘的材料似乎可以討論。

多虧新加坡國家圖書館典藏的數位史料，以及雞尾酒歷史學家大衛・旺德里奇（David Wondrich）認真考察的著作資料，讓我們可以更了解這款著名飲品的起源。新加坡的英國殖民者肯定喜愛啜飲上一兩杯於1890年代出現的琴酒司令（Gin Sling）。到了1903年，「為白人特調的粉紅色司令」是在澳洲名賽馬教練Daddy Abrams的一場歡送會上所提供的雞尾酒。十年後，1913年新加坡各報，引發一場關於新加坡板球俱樂部是否願意屈就提供像琴酒司令這般庸俗飲品的爭議。《太陽週報》（Weekly Sun）報導了兩位俱樂部成員巧妙的解決方案，他們各自點了一杯櫻桃白蘭地、一杯Domb（即D.O.M.班尼迪克丁香草酒）、一杯琴酒、一杯檸檬汁、一些冰塊和水，還有些許苦精，然後一杯非常的司令（Sling）就完成了。

那麼調酒師嚴崇文在Raffles飯店的「正式」版本內加入鳳梨汁，又是怎麼一回事呢？無論司令是否在那裡發明，這款雞尾酒絕對與Raffles飯店很有關係：查爾斯・貝克（Charles Baker）於1926年在Raffles飯店飲用過司令，並針對這款雞尾酒熱情評論了一番。當Raffles飯店在1970年代裝修成豪華飯店後再次開業時，以鳳梨汁為基底的熱帶飲料風靡一時。來自Raffles飯店的酒譜至今仍十分依賴鳳梨汁，並且與白柑橘香甜酒混調。不過，本書所收錄的酒譜是以1913年，那兩位新加坡板球俱樂部成員的解決方案作為基礎，因此在口感上相對簡樸許多。

酒譜

45 ml（1½盎司）琴酒
30 ml（1盎司）萊姆汁
22 ml（¾盎司）櫻桃白蘭地
22 ml（¾盎司）班尼迪克丁香草酒
2滴　香味苦精
60 ml（2盎司）氣泡水
萊姆皮，裝飾用
白蘭地酒漬櫻桃，裝飾用

調製方法

在雪克杯中直調所有材料（氣泡水除外），加入冰塊搖勻至冰涼。雙重過濾後倒入可林杯。接著倒入氣泡水，加冰塊至滿杯。最後以竹串白蘭地酒漬櫻桃和萊姆皮裝飾。

SOVIET CHAMPAGNE PUNCH

MOSCOW, RUSSIA

蘇維埃香檳賓治
莫斯科，俄羅斯

俄國革命見證了沙皇尼古拉二世（Tsar Nicholas II，參見第23頁）的放逐，從根本上改變俄羅斯面對世界其他國家的定位。首都從歐洲化的聖彼得堡東遷回到原本的俄羅斯首都城市莫斯科。此刻出現了意識形態的衝突：俄羅斯共產主義與西方資本主義。共產主義承諾一個沒有物質匱乏和慾望的世界，而到了1935年，這項承諾似乎已兌現了。然而，因為約瑟夫・史達林（Joseph Stalin）無情的工業化政策以及他秘密暗殺對手，一套全新地鐵系統在莫斯科正式啟用，規模宏大的蘇維埃宮殿開始動工建設、莫斯科食品商店貨架也重重陳列著奢侈食品。那麼可以搭配入口的飲料，就是香檳了。過去的階級敵人和資本家的飲品，現在均可大量出售並且價格合理。

1934年首次登陸莫斯科雜貨店的「香檳」，當然不算是來自法國的資本交易。取而代之的反而是安東・弗羅洛夫–巴格里夫（Anton Frolov-Bagreyev）發明的蘇維埃香檳（Sovetskoye shampanskoye）。身為訓練有素的化學家，弗羅洛夫–巴格里夫參加了1905年俄國革命（又稱失敗起義），並被流放到西伯利亞，但在1917年革命成功後，他成為Abrau-Dyurso國營酒廠的首席釀酒師。到了1934年，他研發一種不同於傳統方法般地在瓶中，而是在大桶中進行二次發酵的新方法。這種方法可以使香檳發出嘶嘶聲。隨著手工勞動的減少和加入橡木塊來加速陳年之下，蘇聯政府可以快速又廉價地生產出大量類似香檳的葡萄酒。

雖然蘇維埃社會主義共和國聯邦（USSR）已不復存在，但至今蘇維埃香檳依舊帶著前蘇聯國家的影子，儘管有人對該名稱的「Sovetskoye」和「shampanskoye」各自提出異議，但蘇維埃香檳仍然是個受歡迎的酒款。不過，你不一定要在這款賓治酒內加入蘇維埃香檳，任何不甜氣泡酒皆可達到相同的效果。

酒譜

300 ml（10盎司）冰的不甜氣泡酒
300 ml（10盎司）冰的不甜白葡萄酒
150 ml（5盎司）冰的蜜思嘉甜白酒
75 ml（2½盎司）班尼迪克丁香草酒
75 ml（2½盎司）干邑或其他白蘭地
罐裝水果，裝飾用

調製方法

在中型雞尾酒缸中混合所有材料，加入大冰塊以保持冰涼。用罐裝水果裝飾酒缸和每一杯雞尾酒，即可飲用。

份量：6 人份

威尼斯火花（Spritz Veneziano）是一種以呈現紅色或橙色的氣泡葡萄酒為主的酒，這似乎是世界上最不陽剛的一款飲品，但本身卻帶有令人驚訝的軍事背景故事。1814年拿破崙第一次失敗，流亡到厄爾巴島（Elba）之後，歐洲的權力回到巴黎手中，並重新劃分歐洲大陸的邊界；作為條約的一部分，奧地利哈布斯堡–洛林（Habsburg-Lorraine）王室家族，主張他們對威尼斯共和國的權利，並派出自家軍隊，以確保當地人知道誰是主導者。

說到spritzer（譯註：義大利常見的餐前酒），就得提到在威尼斯傳說中，佔領軍發現當地的白葡萄酒與他們習以為常的麗絲玲（Riesling）和綠維特林納（Grüner Veltliner）葡萄酒相比，口感過於強勁。於是他們巧妙地在白葡萄酒中加水以降低酒勁。當蘇打槍（soda syphon）在十九世紀末（在奧地利人放棄他們對威尼斯的權利很久之後）變得司空見慣之時，很多人經常自製氣泡蘇打水。但真正的創新則出現在1920年代，也就是當威尼斯調酒師開始在氣泡蘇打水中添加義大利苦味開胃酒來混調的時候。

最初是使用哪種苦味開胃酒仍備受爭議，但用了哪個品牌，來主宰今日眾所皆知的spritzer風味則毫無疑慮。該品牌就是1919年在距威尼斯不遠的帕多瓦（Padova）推出的艾普羅香甜酒（Aperol）。用艾普羅香甜酒製成的spritzer香氣撲鼻、略苦甜味，讓人喝了欲罷不能。其他版本的spritzer則採用自家開胃酒的特色，例如：Campari Spritz口感十分苦澀、Cynar Spritz帶有濃郁煙燻香氣、Select Spritz則是輕盈優雅的風味。1990年代最後的兩款改良版，則造就了今日眾所皆知的威尼斯火花，其酒譜使用普羅賽克（Prosecco）氣泡酒，而不是用靜態葡萄酒來增加嘶嘶聲，然後在酒杯裡添加冰塊以保持涼爽，最後坐在漫長夏日的威尼斯麗都迪耶索洛海邊（Lido di Jesolo）暢飲，Cin Cin（乾杯）！

酒譜

60 ml（2盎司）開胃酒
  （自選Aperol, Select或Campari）
90 ml（3盎司）冰的普羅賽克氣泡酒
  或其他不甜氣泡酒
30 ml（1盎司）氣泡水
柳橙角，裝飾用
綠橄欖，裝飾用

調製方法

在老式酒杯或葡萄酒杯中直調所有材料，輕輕加入冰塊，以柳橙角和竹串綠橄欖裝飾。

調酒師訣竅：如果你的勇氣十足或想感受一下復古滋味，可以把普羅賽克氣泡酒換成威尼斯灰皮諾（pinot grigio）白酒，或口感更豐富圓潤的索亞維（soave）白酒。

由於美國的沃爾斯泰德法案（又稱禁酒令）將藥用酒排除在外，於是這個漏洞讓走私者摻雜了神經毒素，使其酒味更好，最終導致那些喝了藥用牙買加生薑酒（Jamaica Ginger）的人癱瘓。因此禁酒令歷史帶來的意外後果是一種借鑒。

冰島的國民烈酒黑死酒Brennivín，是一種用發酵馬鈴薯釀製，並加入葛縷子調味的烈酒，因禁酒令關係而有了一個貼切的外號。在1935年禁酒令廢除後，為了不鼓勵烈酒的消費，國有烈酒專賣局在黑死酒酒標上貼一張白色骷髏頭插圖的黑色標籤，這使得冰島人開始稱這款酒為svartiadauði（黑色死亡）。這個外號結合綠色瓶身極簡的黑色標籤，加上冰島以外的國家無法買到這款酒的情況之下，使得黑死酒在廣大世界中具有一種令人崇拜的地位。電影製片人昆汀·塔倫提諾（Quentin Tarantino）和音樂人戴夫·格羅爾（Dave Grohl）都是粉絲：在塔倫提諾自導的電影《追殺比爾2》（Kill Bill: Vol 2）中，其中一角巴德（Budd）便是喝著黑死酒；而黑死酒也曾在幽浮一族樂團（Foo Fighters）的《熱力轟炸》（Skin and Bones）一曲的歌詞中客串出現過。如今多虧了這些崇拜地位，黑死酒終於可以在冰島以外的一些地方買得到。

來自紐約調酒師查姆·道爾曼（Chaim Dauer-mann）所調製的這款碎石（Stone Crush），起源於黑死酒（當時有人走私並非法販賣給各個酒吧）搭配史帝戈啤酒（Steigl）製成的收工酒（post-shift shot）。道爾曼的其中一位同事在Up and Up酒吧將這款飲品照片上傳到Insta-gram，並加上＃Brennivín的主題標籤，而這張照片引起了黑死酒的美國進口商注意，最終進口商決定正式把這款酒引進美國。如今黑死酒可以合法銷售，Up and Up酒吧則改編了這款收工酒，並額外添加苦艾酒和大黃味苦甜酒，使其口感更加充滿活力。

酒譜
3至4個　小黃瓜片
45 ml（1½盎司）黑死酒
15 ml（½盎司）甜苦艾酒
7 ml（¼盎司）大黃利口酒
30 ml（1盎司）皮爾森啤酒
檸檬皮，裝飾用
小黃瓜片，裝飾用

調製方法
在雪克杯中放入小黃瓜搗碎，然後加入所有材料（皮爾森啤酒除外）。加入冰塊搖勻至冰涼。雙重過濾後倒入老式酒杯，再倒入皮爾森啤酒，最後加上新鮮冰塊。取用檸檬皮，在酒杯正上方噴附皮油後即可丟掉，最後以新鮮小黃瓜片裝飾。

SUFFERING BASTARD

CAIRO, EGYPT

受苦的混蛋 開羅・埃及

發明宿醉提神飲料是一回事，但在戰區有限的資源下又是另一回事。單單針對那個發明之舉，埃及開羅Shepheard飯店的調酒師喬·夏隆（Joe Scialom）就值得讓人讚揚。他治療宿醉的方法很可能有助於擊敗艾爾溫·隆美爾將軍（Erwin Rommel）的納粹軍隊；嗯，這還真是錦上添花呀。

在第二次世界大戰中期，接近1942年底左右，開羅的情況凶多吉少：德國令人生畏的隆美爾將軍向該城市邁進，目標是希望切斷盟軍的供應線。而在阿拉曼（El Alamein）附近與他抵抗的英國士兵們，在休假時急需喝酒。然而在這種嚴峻的氣氛中，一位曾在開羅酒吧擔任調酒師的義大利猶太人夏隆，在某天開工前迫切需要解決宿醉問題。他發揮創意，加入從對街藥房買來的苦精，這款飲品不僅在夏隆身上發揮了神奇作用，更是在英國軍隊中受到歡迎。因此，這一款受苦的混蛋（Suffering Bastard）便如此誕生了。

根據Tiki飲料歷史學家「海灘流浪人」傑夫·貝里（Jeff 'Beachbum' Berry）的說法，受苦的混蛋在阿拉曼的戰爭中也扮演了一個小角色；這場決定性的戰爭扭轉了納粹德國入侵北非的形勢。在戰爭的高峰期，夏隆收到了來自前線的電報：「你能不能運送30公升（8加侖）受苦的混蛋過來，每個人都嚴重宿醉了」。夏隆瘋狂地到處找可以裝酒的容器，然後把酒裝滿後請計程車送往阿拉曼，他也許擔心如果沒有受苦的混蛋，隆美爾吹噓「很快就會在Shepheard飯店喝香檳」一事可能就會成真。幸好對夏隆和我們來說，那件事沒有成真。

本酒譜非常忠於原始酒譜，就算你用的烈酒絕對會比1942年開羅當時買得到的烈酒還來得優也無妨。

酒譜
30 ml（1盎司）琴酒
30 ml（1盎司）白蘭地或波本威士忌
15 ml（½盎司）濃縮萊姆汁
2滴　香味苦精
120 ml（4盎司）冰的薑汁啤酒
柳橙皮，裝飾用
薄荷枝葉，裝飾用

調製方法
在雪克杯中直調所有材料（薑汁啤酒除外），加入冰塊搖勻至冰涼。雙重過濾後倒入老式酒杯或可林杯。接著倒入薑汁啤酒和加入新鮮冰塊，最後以柳橙皮和薄荷枝葉裝飾。

TOKAJI SMASH

TOKAJ, HUNGARY

搗碎多卡伊

多卡伊，匈牙利

當法國國王路易十五（Louis XV）向他的情婦龐龐巴度侯爵夫人（Madame de Pompadour）獻上多卡伊貴腐酒（tokaji aszú，如今俗稱為tokay）時，他宣稱此酒為「國王的葡萄酒和葡萄酒之王」。路易也許為了試圖討好侯爵夫人而一直在畫蛇添足。但說句公道話，多卡伊貴腐酒可算是世界上最重要的優質葡萄酒之一。匈牙利多卡伊地區是第一個按照品質，針對個別葡萄園進行分類的葡萄酒產區，也是第一個用高糖分貴腐葡萄品種進行釀製的葡萄酒產區。多卡伊貴腐酒不僅是法國宮廷的首選，也是彼得大帝、奧匈帝國皇帝法蘭茲‧約瑟夫（Franz Josef）和許多教皇所偏愛的飲品——他們似乎會在臨終前啜飲多卡伊貴腐酒款中最稀有昂貴的伊森西亞〔eszencia〕貴腐酒。

多卡伊貴腐酒的濃縮風味秘訣是在於貴腐菌（Botrytis cinerea），這是一種在多卡伊地區葡萄皮上自然生長的黴菌。隨著貴腐菌滋生需要水分的條件下，會穿透葡萄果皮，導致葡萄中的水分慢慢蒸發，而使得糖分濃度提升。這些貴腐葡萄經過精心挑選後，會壓成泥狀，而非貴腐葡萄品種則直接發酵成基酒，接著再把貴腐葡萄泥與基酒混合。只要混入的貴腐葡萄泥越多，所釀製而成的葡萄酒便越甜美圓潤，但是價格也隨之高昂。

很遺憾的是多卡伊貴腐酒曾受到了根瘤蚜蟲（參見第127頁）的嚴重打擊，然後歷經兩次的世界大戰，接著又是共產主義統治，直到1990年代才重返光榮。如今在全球市場上可以買得到一些價格合理的多卡伊貴腐酒來作為雞尾酒的材料，像是這一款加入多卡伊貴腐酒的經典搗碎式雞尾酒，是由調酒師利亞姆‧戴維（Liam Davy）在倫敦Hawksmoor's Seven Dials牛排餐廳兼雞尾酒酒吧裡發明的。

酒譜

1個　檸檬角
2塊　新鮮鳳梨
70 ml（2¼盎司）多卡伊貴腐酒
　或晚收貴腐酒
15 ml（½盎司）杏桃利口酒
15 ml（½盎司）檸檬汁
鳳梨角，裝飾用
薄荷枝葉，裝飾用

調製方法

在雪克杯中放入鳳梨塊和檸檬搗碎後，倒入剩餘材料，加入冰塊，蓋上杯蓋搖勻至冰涼。雙重過濾後倒入可林杯，加上碎冰，最後以鳳梨角和薄荷枝葉裝飾。

美國稅務律師兼業餘調酒師大衛·恩伯里（David A. Embury）毫不保留地在所撰寫的《調酒的藝術》（The Fine Art of Mixing Drinks）中分享許多個人看法，這是一本充滿風趣尖酸的飲酒相關書籍。像是提到加拿大威士忌時，他說：「快速描述一下加拿大威士忌（在我看來是理所當然），那就是我不喜歡它。」

儘管恩伯里厭惡加拿大威士忌，但在《調酒的藝術》一書中有些飲品還是會用到加拿大威士忌；其中，這款多倫多（Toronto）雞尾酒最有趣。在恩伯里的著作中，其酒譜基本上是用一或兩吧匙非常受義大利人喜愛的菲奈特布蘭卡藥草酒（Fernet-Branca）所調製而成的老式經典。無可否認這款雞尾酒的確好喝，但與加拿大城市有什麼關係呢？由於多倫多是首次出現在《調酒的藝術》一書中，但這個問題是直到加拿大調酒師尚恩·索爾（Shawn Soole）和索羅門·辛格爾（Solomon Siegel）在羅伯特·韋梅爾（Robert Vermeire）1922年出版的《如何調製雞尾酒》（Cocktails: How to Mix Them）一書中找到一款酒譜後才有了答案。基本上是由干邑或裸麥（針對口感而言）和菲奈特布蘭卡藥草酒調製的老式經典，這款雞尾酒還有個附加簡短的說明：「這款雞尾酒深受加拿大多倫多人的喜愛。」

這款菲奈特雞尾酒（Fernet Cocktail）無疑是多倫多的前身，但為什麼會從干邑或裸麥換成加拿大威士忌呢？禁酒令禁止生產蒸餾酒近14年來，扼殺了美國威士忌產業。當禁酒令於1933年廢除時，當下幾乎沒有美國威士忌可供使用，而當時加拿大釀酒廠反而更努力地讓產品回流到美國。面對該使用口感粗糙的年輕美國威士忌，還是口感順口又能廉價生產的加拿大混合威士忌之間的選擇，美國消費者選擇了加拿大威士忌，以至於讓加拿大威士忌主導了美國市場。從此加拿大威士忌產業發生了巨大的變化，如今也生產了許多高品質的100%裸麥威士忌，例如：Albert Premium威士忌。當你調製多倫多時，就挑一款加拿大威士忌來調製吧。

酒譜

60 ml（2盎司）優質加拿大威士忌
7 ml（¼盎司）菲奈特布蘭卡藥草酒
7 ml（¼盎司）糖漿
柳橙皮，裝飾用

調製方法

在調酒杯中直調所有材料，加入冰塊攪拌至冰涼。濾冰後倒入冰鎮過的淺碟香檳杯，以柳橙皮裝飾。

調酒師訣竅： 請用100%裸麥加拿大威士忌。如果買的到的話，Alberta Premium這個品牌會是個不錯的選擇。

TRIDENT

TRONDHEIM, NORWAY

三叉戟　特倫汗・挪威

如果你擔心酒櫃裡的瓶子碳足跡，那麼最好避開這款環遊世界的赤道阿誇維特酒（linjeakevitt）。這款挪威特產酒是在1805年意外發明的，當時，從挪威特倫汗出發前往巴達維亞（現為印尼雅加達）的Trondhjems Prøve號帆船，運載了鱈魚乾、火腿、起司和五箱挪威阿誇維特酒，這是一種帶有葛縷子味的斯堪地那維亞烈酒，味道跟琴酒很接近。所有食物迅速賣給在巴達維亞飢餓的荷蘭殖民者，但只有阿誇維特酒原封不動運回。當巴達維亞當地就有生產優質的亞力酒（參見第129頁）時，那就沒什麼道理購買昂貴的進口烈酒。

就在Trondhjems Prøve號於1807年12月駛返挪威時，這幾箱阿誇維特酒被打開來品嚐飲用，品嚐者注意到在極端冷熱溫度的條件下，烈酒口感已大幅改變，甚至變得更好喝。很快地阿誇維特酒公司刻意將他們的烈酒送往澳洲並裝入舊的雪莉酒桶運回，因此赤道阿誇維特酒就這樣誕生了（譯註：赤道阿誇維特酒，挪威原文是linjeakevitt，其linje意指「赤道線」，akevitt意指「阿誇維特酒」）。

來自西雅圖的雞尾酒傳教士羅伯特・哈斯（Robert Hess）發明的三叉戟（Trident）是以經典的內格羅尼（Negroni，參見第94頁）為基礎改編。哈斯先把琴酒換成挪威的赤道阿誇維特酒，然後決定沿著同風格進一步改版，採用更冷門的義大利吉拿酒（Cynar）以及氧化陳年的雪莉酒，分別取代金巴利酒以及苦艾酒。再加入些許蜜桃苦精，讓這款不尋常飲品的不同風味融合一體。總之，挪威、西班牙和義大利都是歷史上的航海國家，因此這款雞尾酒便是以這個史實命名，並繼續成為現代雞尾酒經典之中的小經典。

酒譜

30 ml（1盎司）赤道阿誇維特酒
（Lysholm Linie品牌，
參考下列訣竅說明）
30 ml（1盎司）雪莉酒
（amontillado、palo cortado或
oloroso）
30 ml（1盎司）吉拿酒
2滴　蜜桃苦精
檸檬皮，裝飾用

調製方法

在調酒杯中直調所有材料，加入冰塊攪拌至冰涼。濾冰後倒入冰鎮過的淺碟香檳杯，最後以檸檬皮裝飾。

調酒師訣竅：目前只有兩個挪威品牌出產赤道阿誇維特酒：Løiten Linie和Lysholm Linie。後者品牌在挪威以外的國家比較容易買得到。

拉脱維亞（Latovia）可能是波羅的海國家之中，最具有波羅的海風情的國家。愛沙尼亞（Estonia）與其橫跨芬蘭海灣的北部鄰國關係仍然親密，而立陶宛（Lithuania）則是繼續與波蘭建立密切複雜的交情，但拉脫維亞則是仰賴自國的文化影響力。其中不尋求文化影響力的國家是俄羅斯，這個國家在第二次世界大戰後入侵波羅的海三國，並且佔領到1991年為止。但是，奇怪的是，拉脫維亞最受歡迎的里加黑魔法酒（Riga Black Balsam）的故事，則是要從俄羅斯的凱薩琳大帝（Catherine the Great）開始說起。

1752年，一位名叫亞伯拉罕・昆澤（Abraham Kunze）的神秘化學家，他在里加（現今為拉脫維亞的首都，但那時仍是俄羅斯帝國的一部分）研發了一款浸泡17種草本的萬能藥酒，並裝到特殊陶罐中作為藥劑販賣。根據拉脫維亞的傳說，由於昆澤的萬能藥酒治癒了凱瑟琳大帝視訪里加時的腸胃不適，從此這款藥酒一炮而紅。昆澤的療癒酒很快成為拉脫維亞人的首選藥酒。1843年起，以昆澤原始配方為基礎的里加黑魔法酒，開始進行商業化量產，儘管曾因為第二次世界大戰之後短暫中斷過，但仍延續至今。

里加黑魔法酒如今是一種代表拉脫維亞的藥酒，傳統喝法是將藥酒加入咖啡或黑醋栗汁。里加黑魔法酒的酒精濃度為45%，並含有強烈的草藥苦味，這一點常常引起遊客和外界的強烈反應。誕生於里加的Bar XIII酒吧推出的土耳其甜點酒（Turkish Delight），是利用濃稠巧克力味芝麻哈爾瓦酥糖，來緩和里加黑魔法酒出名的辛辣味，因此被列為甜點酒。

酒譜

30 ml（1盎司）里加黑魔法酒
　（參考下列訣竅說明）
75 g（2½盎司）巧克力味
　芝麻哈爾瓦酥糖
50 ml（1¾盎司）金色蘭姆酒
40 ml（1¼盎司）水
30 ml（1盎司）糖漿
3滴　巧克力味苦精
黑巧克力粉，裝飾用
食用金箔，裝飾用（隨意）

調製方法

在果汁機中直調所有材料（黑巧克力粉和食用金箔除外）後攪打，直到哈爾瓦酥糖已打碎融入汁液為止。把哈爾瓦酥糖混合汁倒入雪克杯，加入冰塊搖勻至冰涼。雙重過濾後倒入老式酒杯，加上新鮮冰塊。撒上黑巧克力粉外，也可隨意加上一小片食用金箔。

調酒師訣竅：里加黑魔法酒是這款酒譜的核心，絕不可被替代。

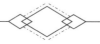

TWENTIETH
CENTURY

CHICAGO, USA

二十世紀 芝加哥・美國

現今的鐵道之旅並不是一件特別迷人之事，但在飛機旅行只有奢華富人負擔得起的二十世紀初，商務旅客得仰賴火車往返城市之間，於是也就出現了不少鐵路公司的競爭。很少有火車服務像二十世紀有限公司（Twentieth Century Limited，這是往返於紐約市與芝加哥市之間的列車）的名字這般充滿魅力。也許這就是為什麼二十世紀有限公司在1902年首次離開紐約大中央車站之後的數十年，終於把名字借給英國調酒師塔克（C. A. Tuck）作為雞尾酒名稱；這款調品混合了迷人的琴酒、檸檬汁、開胃酒和巧克力味的可可酒。

二十世紀的列車是以賓客至上的服務而聞名。英語中有red carpet treatment「高規格禮遇」之意和rolling out the red carpet「隆重歡迎」之意這兩個成語，它們其實是源自二十世紀公司在車站鋪上紅毯來引導乘客上車的服務。一旦上車後，乘客可以在20小時火車旅程中，使用理髮、女僕、男侍甚至是速記員等服務。然而，經歷1938年的重大升級後，多虧新型的哈德遜蒸汽火車設計，行駛時間減少成16小時，火車變成了派對據點。晚餐後，餐廳車廂就變成一家名為Cafe Century的臨時酒吧。

二十世紀（Twentieth Century）這款雞尾酒在大眾想像中並不如列車服務那麼美好，因為在大多時間內，這款飲品是被遺忘的，直到最近才開始被想起，但多虧有泰德・黑格（Ted Haigh，綽號：雞尾酒博士）所撰的《古典佳釀和被遺忘的雞尾酒》（Vintage Spirits and Forgotten Cocktails）一書，二十世紀如今被視為精緻調酒復興的重要雞尾酒之一。關於是否在雞尾酒中使用原始酒譜的白麗葉酒，這一點存在著小小的爭議；有些人認為自1930年代以來，白麗葉酒（Lillet blanc）的釀酒配方發生了重大變化，而其他金雞納酒（quinquina）味道則更接近最原始的麗葉酒（Kina Lillet）。但白麗葉酒公司否認改變釀酒配方。他們當然會這麼說，不是嗎？

酒譜

45 ml（1½盎司）琴酒
22 ml（¾盎司）麗葉酒
　　或其他白金雞納酒
22 ml（¾盎司）檸檬汁
15 ml（½盎司）白可可酒
檸檬皮，裝飾用

調製方法

在雪克杯中直調所有材料，加入冰塊搖勻至冰涼。雙重過濾後倒入冰鎮過的淺碟香檳杯，最後以檸檬皮裝飾。

UNDER THE VOLCANO
CUERNAVACA, MEXICO

火山之下
庫埃納瓦卡,墨西哥

英國作家麥爾坎‧勞瑞（Malcolm Lowry）於1947年出版的小説《在火山下》（Under the Volcano）很可能是一本前所未有，描述關於酒精所帶來影響的淒涼之書。小説情節頗簡單：駐墨西哥誇恩納華克鎮（Quauhnahuac，是Cuernavaca的虛構地名）的英國領事傑佛瑞‧費明（Geoffrey Firmin）在1938年的亡靈節（Díade Muertos）那天，完全沈溺於酒精來麻痺自己。他的前妻伊溫妮（Yvonne）和同父異母的兄弟休（Hugh）陪伴他經歷一段酗酒絕望的憂鬱日子，直到失去了伊溫妮和休之後，他在酒吧與當地警察爭吵。警察把他推到酒吧外射殺他，並將他的屍體扔進峽谷裡。

像許多其他作家和思想家一樣，身為終身酗酒者的勞瑞，把酒精視為pharmakon（解藥，也是毒藥之意）。在《在火山下》一書中，他持續把酒當成解藥和毒藥，直到生命結束那天為止。當伊溫妮在亡靈節清晨返回誇恩納華克鎮時，她發現領事泡在他最愛的酒吧裡喝酒，他聲稱，喝一杯只是為了平息自己的震顫性譫妄。他説：「真的是因為顫抖才讓這樣子的生活變得無法承受。」、「但是我只是喝到剛好，震顫就會停止。所以這只是必要的療飲。」酒精已經在領事的大腦引起化學變化，以致於讓他感到震顫；然而，酒精又是唯一可以緩解震顫的東西。勞瑞將這種對酒精的雙重性質的理解，發展成一場悲劇結果。《在火山下》一書中，酒精提供的解決方案是最終辦法。

《在火山下》一書中描述領事飲用的大量龍舌蘭酒，並知道當他開始飲用梅茲卡爾酒時人生即將結束。有鑑於其中引人注目的龍舌蘭酒，有許多現代雞尾酒的命名和靈感都是來自勞瑞的著作。這一款由波士頓調酒師凱蒂‧艾默森（Katie Emmerson）所調製的火山之下（Under the Volcano），是將煙燻味的梅茲卡爾酒（參見第101頁）加上雪莉酒和義大利苦甜酒，混搭成口味複雜又略帶苦澀的飲品。

酒譜

30 ml（1盎司）梅茲卡爾酒
（以Del Maguey Chichicapa品牌
為優選）
30 ml（1盎司）香甜雪莉酒
（以Lustau East India Solera品牌
為優選）
30 ml（1盎司）諾尼諾苦甜酒
1滴　巧克力味苦精
柳橙皮，裝飾用

調製方法

在調酒杯中直調所有材料，加入冰塊攪拌至冰涼，濾冰後倒入冰鎮過的老式酒杯。在杯口上火烤柳橙果皮（參考第45頁），無需裝飾，即可飲用。

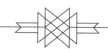

WARD EIGHT
BOSTON, USA
第八區
波士頓，美國

如果你能説話，就不要寫作；如果你能點頭，就不要説話；如果你能眨眼，就永不點頭。」這一段話也是十九世紀黑幫馬丁‧麥可‧洛馬斯尼（Martin Michael 'Mohatma' Lomasney）的名言，他是波士頓堅韌不拔的政治歷史中最精明運作者之一。洛馬斯尼從身為幫派領袖和擦鞋匠的角色學會了現實政治的藝術，接著開始一方面與黑道打交道，一方面擔任燈伕和食安稽查人員，但該工作在1894年為他引來一場暗殺行動。根據第八區這款酒的發明傳説，洛馬斯尼是位如此老練的政治家，因此1898年洛克奧伯餐酒館（Locke-Ober Café）的調酒師，在大選前一晚為他客製一款以他戰勝的選區命名的雞尾酒，來預祝他當選麻薩諸塞州議員。

這個故事聽起來不錯，但是波士頓歷史學家史蒂芬妮‧史蘿（Stephanie Schorow）認為「在第八區雞尾酒的流傳故事中，出現一個像波士頓花園球場（Boston Garden）那樣大的漏洞」。比方説，紅石榴糖漿在十九世紀相當少見，而是在二十世紀初最古老的酒譜書面文獻出現時才風靡一時。而洛馬斯尼和他的候選人在1898年的選季中慘遭落敗；還有洛馬斯尼是禁酒主義者，所以幾乎不可能用新穎華麗的調酒來慶祝任何的當選。

無論第八區的起源如何，在禁酒令廢除之後的1930年代擁有廣大的愛好者。《君子雜誌》（Esquire）的作家法蘭克‧謝伊（Frank Shay）將其納入為1934年十大最佳雞尾酒之一。同年《紐約太陽報》（New York Sun）〈沿著葡萄酒之路〉專欄作者薩爾默‧福格納（G. Selmer Fougner）向讀者詢問有關此款熱門雞尾酒的調製方法，他收到逾四百封的回覆。其中一封信中提到一款有趣的改良版，加入些許的不甜雪莉酒，讓口感蘊含一絲絲豐富層次的堅果味。此版本是來自Yvonne餐館的酒單，這家晚餐俱樂部地點正位於以前洛克奧伯餐酒館的位址，並且還是在飲料歷史學家大衛‧旺德里奇（David Wondrich）的協助之下開店的。

酒譜

45 ml（1½盎司）裸麥威士忌
15 ml（½盎司）雪莉酒（palo cortado）
15 ml（½盎司）檸檬汁
15 ml（½盎司）紅石榴糖漿
7 ml（¼盎司）柳橙汁
45 ml（1½盎司）氣泡水

調製方法

在雪克杯中直調所有材料（氣泡水除外），加入冰塊搖勻至冰涼。濾冰後倒入老式酒杯或高腳酒杯，再加點新鮮冰塊，最後倒入氣泡水。

ŻUBRÓWKA

BIAŁYSTOK, POLAND

滋布洛卡野牛草

比亞利斯托克，波蘭

雖然波蘭和俄羅斯對於是誰先發明伏特加的爭論仍然持續不斷，不過關於這款滋布洛卡野牛草（Żubrówka）伏特加的傳統發源地則是無庸置疑的。此款加入茅香（Hierochloe odorata）或野牛草（bison grass）香氣的伏特加，與波蘭餃子（pierogi）一樣充滿波蘭風味，並且源產於白俄羅斯邊境附近的比亞維斯托克（Biały-stok）。滋布洛卡野牛草伏特加是在1928年首次生產，其釀造靈感是來自於數百年前波蘭貴族的作法，即是將伏特加與野牛草混合調味。作法是先從（Białowieża）比亞沃維耶扎森林區手工採摘野牛草，並在野牛草微乾後加入伏特加裡浸泡，然後在每瓶伏特加中留下一根草。由此生產而來的伏特加，不僅含有新鮮草香，還呈現出一種更加縹緲、難以捉摸的味道，帶有一點點的香草、杏仁、茉莉和零陵香豆的香味。

二十一世紀初時，滋布洛卡野牛草伏特加在調酒界引起轟動，沒錯，這是伏特加，但卻是一款獨特風味的伏特加，並且在雞尾酒中獨領風騷。簡單以滋布洛卡野牛草伏特加混合蘋果汁，即成為一款以波蘭「蘋果派」為名的szarlotka的飲品，瞬間成為英國和澳洲雞尾酒文化的追星飲品，但其迷人的香氣卻在美國惹上麻煩。滋布洛卡野牛草伏特加（和零陵香豆）氣味如此吸引人的部分原因，是因為含有機化合物香豆素，這是會導致老鼠肝臟出現問題的高濃度化學物質，與稀釋血液的香豆素分子非常相似。美國食品藥物管理局於1954年禁止含有任何香豆素的食品，使得滋布洛卡野牛草伏特加成為違禁品。而一種名為Żu的無香豆素改良版酒款已在美國上市。薩默塞特·毛姆（Somer-set Maugham）在1944年出版的小說《剃刀邊緣》（The Razor's Edge）一書，讓原版酒譜看起來值得一試，並說這款調酒是「充滿鮮草氣息和春天花香，還有百里香和薰衣草味道，其味道就像在月光下聽音樂般令人感到柔和舒服」。

雖然滋布洛卡野牛草伏特加和蘋果汁的組合仍是最受歡迎的風味，但亞基墨維奇（S.T. Yakimo-vitch）提供的同名酒譜，出自威廉·塔林（W.J. Tarling）於1937年出版的《皇家雞尾酒》（Cafe Royal Cocktail Book），則展現了烈酒的多元風格，呈現出帶有辛香味的精緻開胃雞尾酒。

酒譜

45 ml（1½盎司）滋布洛卡
　野牛草伏特加
45 ml（1½盎司）甜苦艾酒
5 ml（¼盎司）但澤金水
　（Danziger goldwasser）
1滴　香味苦精
1滴　艾碧斯茴香酒（隨意）
檸檬皮，裝飾用

調製方法

在調酒杯中直調所有材料，加入冰塊攪拌至冰涼。濾冰後倒入冰鎮過的淺碟香檳杯，最後以檸檬皮裝飾。

INDEX 索引

FURTHER READING 延伸閱讀

在撰寫本書時，參考了許多資料，才能夠為所有的雞尾酒酒款命名。然而，某些關鍵資源對本書發展具有無可估量的價值，在此建議任何對本書雞尾酒細節感興趣的人，都可以參考以下資料，來展開自己的調查。

書籍

Arnold, Dave. *Liquid Intelligence: the Art and Science of the Perfect Cocktail.* New York and London: W. W. Norton & Company, 2014

Baiocchi, Talia and Pariseau, Leslie. *Spritz: Italy's Most Iconic Aperitivo Cocktail, with Recipes.* Berkeley: Ten Speed Press, 2016

Baker, Charles H. *The Gentleman's Companion volume two: Being an Exotic Drinking Book, or Around the World With Beaker, Jigger, and Flask.* New York: Crown Publishers, 1946

Berry, Jeff. *Beachbum Berry's Potions of the Caribbean: 500 Years of Tropical Drinks and the People Behind Them.* New York: Cocktail Kingdom, 2013

Brown, Jared and Miller, Anistatia. *Spirituous Journey: a History of Drink* (books one and two). London: Mixellany, 2009-2010

Brown, Jared; Miller, Anistatia; Broom, Dave and Strangeway, Nick. *Cuba: The Legend of Rum.* London: Mixellany, 2009

Craddock, Harry. *The Savoy Cocktail Book.* London: Constable & Company, 1930

Curtis, Wayne. *And a Bottle of Rum: A History of the New World in Ten Cocktails.* New York: Crown Publishers, 2006

Embury, David A. *The Fine Art of Mixing Drinks.* New York: Doubleday, 1948

Haigh, Ted. *Vintage Spirits and Forgotten Cocktails* (revised and expanded ed.). Beverly, Mass.: Quarry Books, 2009

Johnson, Harry. *Bartender's Manual, or How to Mix Drinks of the Present Style.* New York: I. Goldmann, 1888

MacElhone, Harry. *Harry of Ciro's ABC of Mixing Cocktails.* London: Christopher & Company, 1923

MacNeil, Karen. *The Wine Bible* (revised second ed.). New York: Workman Publishing, 2015

Morgenthaler, Jeffrey. *The Bar Book: Elements of Cocktail Technique*. San Francisco: Chronicle Books, 2014

Parsons, Brad Thomas. *Bitters: A Spirited History of a Classic Cure-All*. Berkeley: Ten Speed Press, 2011

Simonson, Robert. *A Proper Drink: The Untold Story of How a Band of Bartenders Saved the Civilized Drinking World*. Berkeley: Ten Speed Press, 2016

Thomas, Jerry. *The Bar-Tenders Guide*. New York: Dick & Fitzgerald, 1862

Vermeire, Robert. *Cocktails: How to Mix Them*. London: Herbert Jenkins, 1922

Wondrich, David. *Imbibe! From Absinthe Cocktail to Whiskey Smash, a Salute in Stories and Drinks to "Professor" Jerry Thomas, Pioneer of the American Bar* (updated and revised ed.). New York: Perigee, 2015

Wondrich, David. *Punch: the Delights (and Dangers) of the Flowing Bowl*. New York: Perigee, 2010

網路

Alcademics (alcademics.com): Comprehensive, endearingly nerdy blog by drinks writer Camper English.

Cold Glass (cold-glass.com): Vivid thumbnail histories of a number of classic cocktails from amateur mixologist Doug Ford.

Difford's Guide (diffordsguide.com): Encyclopaedic collection of articles, cocktail recipes, and tasting notes.

Esquire drinks column by David Wondrich (esquire.com/author/3633/david-wondrich): Concise, potted histories of any number of classic cocktails, written by the world's preeminent drinks historian.

Exposition Universelle des Vins et Spiritueux (E.U.V.S.) Vintage Cocktail Books (euvs-vintage-cocktail-books.cld.bz): Scanned copies of any number of vintage cocktail books, many drawn from the private collection of drinks historians Anistatia Miller and Jared Brown.

Kindred Cocktails (kindredcocktails.com): Database of craft cocktail recipes, featuring lengthy and informative articles about a number of cocktails' histories.

Liquor.com articles by Gary Regan (liquor.com/author/gary-regan): Entertaining and informative short pieces from a true character of the drinks world.

PUNCH (punchdrink.com): In-depth features about drinking trends and an extensive collection of original cocktail recipes sourced from bars around the world.

關於作者

查德・帕西爾（Chad Parkhill）是定居澳洲墨爾本的作家兼調酒師。他的文章刊登於《The Australian》、《The Lifted Brow》、《Kill Your Darlings》、《Meanjin》和《The Quietus》等媒體。目前為《澳洲衛報》（Guardian Australia）雞尾酒專欄的作家。《環遊世界80杯雞尾酒特調》是他的第一本著作。

關於插畫家

艾莉絲・奧爾（Alice Oehr）是來自澳洲墨爾本的設計師，其獨特多彩的插畫風格融合了她對食物、紋樣、拼貼和繪畫的熱愛。她將設計元素融入紡織品、居家用品、雜誌、書籍，甚至還為墨爾本春季賽馬嘉年華設計六英尺高的一系列古埃及雕像。旅行和復古海報是她最喜歡的兩件事。

致謝

首先，我萬分感激佐拉・桑德斯（Zora Sanders）、蘇和崔佛・帕西爾（Sue and Trevor Parkhill），沒有他們的愛和支持，就沒有這本書的誕生。

謝謝眾作家的著作與眾調酒師的雞尾酒作品，他們的創作內容激發了本書靈感：大衛・旺德里奇（David Wondrich）；傑瑞德・布朗（Jared Brown）和安納塔西亞・米勒（Anistatia Miller）；瑋恩・柯蒂斯（Wayne Curtis）；傑夫・貝里（Jeff Berry）；格瑞・雷根（Gary Regan）；保羅・克拉克（Paul Clarke）；賽門・帝福德（Simon Difford）；道格・福特（Doug Ford）；凱倫・孟尼爾（Karen McNeil）；坦尼亞・巴約琪（Talia Baiocchi）；羅伯特・西蒙森（Robert Simonson）；傑佛瑞・摩根泰勒（Jeffrey Morgenthaler）；坎泊・英格利（Camper English）；大衛・阿諾德（Dave Arnold）；托比・凱奇尼（Toby Cecchini）；奧黛麗・桑德斯（Audrey Saunders）。還有其他無法一一具名，但在此由衷感謝。

感謝各家酒吧提供本書原始酒譜：Honi Honi酒吧的Stephan Levan、Harrison Speakeasy酒吧的Andres Rolando、Baba Au Rum酒吧的Thanos Prunarus、Gustu酒吧的Bertil Tottenborg、The Bowery酒吧的Stephanie Canfell、Hawksmoor酒吧的Irena Pogarcic、Barlands XIII酒吧的Rolands Burtnieks。

感謝各位委託或鼓勵我撰寫有關調酒書籍的編輯們：Rave出版社的Chris Harms、Emily Williams和Zuzanna Napieralski；The Lifted Brow出版社的Ronnie Scott、Sam Cooney和Stephanie Van Schilt；Junkee出版社的Melanie Mahoney和Taryn Stenvei；《衛報》（The Guardian）的Steph Harmon；The Oxford Companion to Spirits and Cocktails的專欄作家David Wondrich。

感謝Hardie Grant Travel編輯團隊的指導才能完成這本書：謝謝Lauren Whybrow和Melissa Kayser的出書邀稿；謝謝Kate Armstrong擅長進度管理並始終維持信賴的指導；謝謝George Garner把我的散文簡化為流暢形式；謝謝Eugenie Baulch用一絲不苟的眼光來校對內容。還要感謝Grace West和Andy Warren的美麗編排設計。特別感謝Alice Oehr精彩的插圖，甚至還把我對裝飾物和玻璃器皿的龜毛細節表現出來。

最後，感謝Heartattack and Vine的團隊：謝謝Emily Bitto和Nathen Doyle在我寫書過程中，給我一份工作餬口維生，並且以他們的雞尾酒吧來相信、支持我的能力；謝謝Matthew Roberts不時與我聊天，交換雞尾酒和酒類的訊息（並把天堂鳥介紹給我）；也感謝其他團隊成員帶來的美好時光。

中文版審訂者簡介

柳瑜佳

臺灣觀光學院 觀光餐旅系助理教授
著作:
圖解餐飲英文字彙、圖解旅館英文詞彙等書（已出版）
臺灣觀光學院導覽解說培訓手冊、臺灣觀光學院校園雙語導覽手冊（未出版）

TITLE

環遊世界80杯雞尾酒特調 Around the World in 80 Cocktails

STAFF

出版	三悅文化圖書事業有限公司
作者	查德・帕西爾　Chad Parkhill
插畫	艾莉絲・奧爾　Alice Oehr
譯者	曾雅瑜
審訂	柳瑜佳

總編輯	郭湘齡
文字編輯	徐承義　蔣詩綺　陳亭安
美術編輯	孫慧琪
排版	二次方數位設計
製版	明宏彩色照相製版股份有限公司
印刷	龍岡數位文化股份有限公司

法律顧問	經兆國際法律事務所　黃沛聲律師

戶名	瑞昇文化事業股份有限公司
劃撥帳號	19598343
地址	新北市中和區景平路464巷2弄1-4號
電話	(02)2945-3191
傳真	(02)2945-3190
網址	www.rising-books.com.tw
Mail	deepblue@rising-books.com.tw

初版日期	2019年7月
定價	600元

國家圖書館出版品預行編目資料

環遊世界80杯雞尾酒特調 / 查德.帕西
爾(Chad Parkhill)作；曾雅瑜譯. -- 初
版. -- 新北市：三悅文化圖書, 2018.12
208面；14.8x18.5公分
譯自 :Around the World in 80 Cocktails
ISBN 978-986-96730-5-1(精裝)
1.調酒

427.43　　　　　　　　107020099

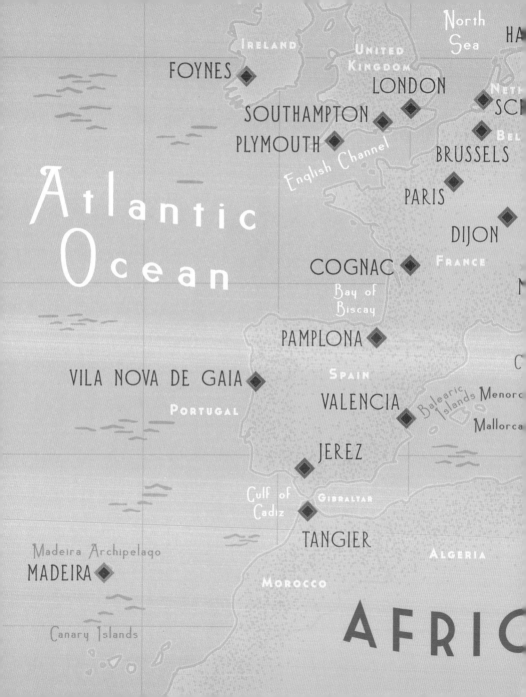